살아있는 것들의
물리학

살아있는 것들의 물리학

생명에서 물리법칙을 찾는
생물물리학자의 생각

박상준 지음

플루토

생명에서 찾은 물리법칙

물리학자 하면 사람들이 저절로 떠올리는 이미지가 있다. 흰머리 날리는 아인슈타인. 나도 물리학을 연구한다고 말하면 그런 이미지를 떠올리는 것 같다. 그러다가 "무슨 연구 하세요?"라는 질문에 생물물리학을 연구한다고 하면, 거기에서 질문이 끝난다. '천체물리학이나 입자물리학이 아니라 생물물리학이라고? 그런 학문은 처음 들어보는데, 더 물어보다가는 무식함이 드러날 것 같다'라고 생각하는 건 아닐까?

우주의 시작과 끝이 궁금한 천체물리학이나 세상에서 가장 작은 물질을 알고야 말겠다는 입자물리학은 일반인에게도 알려져 있다. 하지만 생물물리학은 일반인에게도, 심지어 물리학자들 사이에서도 새로운 단어다. '생명현상에서 물리법칙을 찾는다고? 그게 말이 돼?' 물리학계에서도 이 연구 질문을 받아들이는 데 시간이 걸렸다. 그렇게 한국물리학회에서 생물물리학이 분과로 인정받은 게 2019년이었다.

그렇다면 생명현상에서 왜, 또 어떻게 물리법칙을 찾을까? 물리학, 생물학, 생물물리학은 각각 어떤 차이가 있을까? 이런 질문이

금방 떠오를 것이다.

　먼저 물리학을 살펴보자. 물리학은 물질의 개수를 세고, 물질들이 상호작용하는 시간과 거리를 측정해서 변화를 알아낸다. 쿼크에서부터 블랙홀까지 크기만 다를 뿐 물리학은 세상을 구성하는 물질의 운동에 관심을 둔다. 새로운 물리법칙을 발견하려면 새로운 측정 장비가 필요하기 때문에, 물리학에서는 측정 장비의 개발에 의미를 둔다.

　반면 생물학은 아직 우주에서 유일하게 생명체가 존재하는 것으로 보이는 지구에 관심을 가진다. 생물학자는 물질이 모여서 생명이 되고, 그 생명이 생식해서 개체 수가 증가하는 생명현상에 주목한다. 그들은 연구 질문에 답을 얻기 위해 세포나 모델 생물을 직접 배양하거나 사육한다. 필요하다면 유전자 변형된 모델 생물을 직접 생성하기도 한다.

　마지막으로 물리학과 생물학이 융합된 학문인 생물물리학은 생물학 연구를 위한 측정 장비를 개발하고 생명현상에서 물리법칙을 찾는다. 새로 개발한 장비를 이용해 생명체를 이루는 물질의 개수를 세고, 생체 물질들이 상호작용하는 시간과 거리를 측정해서 생명의 상수를 결정한다.

　세 분야의 차이는 연구를 위한 도구에서도 드러난다. 물리학자는 자와 시계를 이용해 날아가는 공이 바닥에 떨어질 때까지의 거리와 시간을 측정할 수 있다. 또 중력파를 확인하기 위해 먼 우주에서 출발해 지구에 도달하는 약한 신호를 검출하는, 간섭 현상을 이용한 장치가 필요하다. 그동안 중력파를 검출할 수 있는 장치가 없었기 때문에 중력파가 있는지 알 수 없었는데, 최근에야 중력파 검출 장비가 제작되어 우주에서 오는 새로운 정보를 확인할 수 있다. 유럽입자가속기CERN처럼 거대한 실험 장치로 힉스 입자를 발견하기도 했다.

실험물리학자는 지금껏 알려지지 않은 자연현상은 이미 가진 도구로는 알 수 없기 때문에 새로운 도구를 만들어야 한다고 본다. 그래서 물리학자로 훈련받는 대학원생들은 자신의 연구 주제에 적합한 측정 장비를 개발하는 게 중요한 과업이다.

반면 생물학은 생명현상에서 무엇을 알고 싶은지, 즉 생물학적 질문이 중요하다. 생물학자는 보통 도구를 직접 제작하지 않으며, 세상에 이미 나와 있는 것을 사용하는 경우가 많다. 대신 그들은 암, 알츠하이머 질환, 노화, 발생, 진화 같은 생물학적 질문에 집중한다. 또한 DNA, RNA, 단백질, 세포가 생명현상에서 작용하는 과정을 밝히는 게 중요하다. 이렇게 생명현상이 작동하는 과정을 기능function이라고 부르는데, DNA나 RNA 같은 생체 물질이 담당하는 역할이라고 볼 수 있다. 생물학자들이 생명의 기능 자체에 관심을 둔다면, 생물물리학자들은 생명의 자세한 기능을 측정할 수 있는 도구를 만들어 관찰하고 물리법칙을 찾는 데 관심이 있다.

그렇다면 왜 생명에서 물리법칙을 찾으려 할까? 가장 먼저 꼽을 수 있는 이유는 생명체의 구조와 기능을 이해하기 위해서다. 단백질 구조를 분석하고 세포의 물질 이동을 이해하며 뇌의 신경 신호 전달 과정을 밝히면 생명체를 이해할 수 있을 것이다. 대부분의 기초 과학이 그렇듯, 생물물리학도 생명현상을 물리법칙으로 이해하면서 인류를 위한 지식을 축적하는 게 주요 목적이다.

좀 더 실용적인 쓸모로는 질병 메커니즘을 알아내 진단과 치료에 활용하는 데 있다. 어떤 질병과 관련된 단백질이 기능하지 못하도록 작용하는 치료제를 개발한다고 하자. 만약 치료제로 사용할 물질이 해당 단백질에 어떻게 작용해서 얼마나 그 기능을 막을 수 있는지 예측하면 신약을 개발하는 데 들어가는 시간과 비용이 크게 줄어들 것이다. 그래서 단백질 구조를 예측하는 프로그램인 알파폴드와 로제타폴드는 신약 개발을 주요 목표로 개발되고 있다. 알파폴드를 개발한 구글 딥마인드의 자회사인 아이소모픽 랩Isomorphic Labs은 유명 제약회사에서 거액의 투자를 받기도 했다. 또한 질병 진단에 사용되고 있는 자기공명영상magnetic resonance imaging, MRI이나 양전자단층촬영positron emission tomography, PET 등도 물리학, 생물학, 의학을 연구하는 사람들이 함께 개발한 의료 장비다.

2000년대 초에 인간 유전체 전체 서열을 알아내는 연구는 생물학, 화학, 물리학, 컴퓨터 엔지니어 등 여러 분야 연구자가 참여한 거대 프로젝트였다. 이후에 개발된 차세대 염기서열분석Next Generation Sequencing, NGS 기술도 생물학과 물리학의 융합 학문인 생물물리학이 기여했다. 최근에는 염기서열분석 비용과 시간이 처음 연구를 시작하던 2000년대 초보다 크게 낮아져서 질병 치료에 실제로 사용되는데, 염기서열분석법을 이용하면 환자에게 적합한 약을 추천하거나 부작용이 예상되는 약을 배제할 수 있다.

DNA 정보만이 아니라 RNA 정보까지 단일 세포에서 분석할 수 있는 단일 세포 RNA 염기서열분석single cell RNA sequencing도 생물물리학의 주요 연구 주제다. 질병 요인이 되는 단백질이 발현되기 전에 RNA 단계에서 발현을 막을 수 있는 방향으로도 신약 개발이 이루어지고 있다. 2010년대 초에 개발된 유전자 편집 기술인 크리스퍼는 유전 질환을 치료할 수 있는 유력한 기술로 꼽히고 있다. 염기서열 하나 때문에 발생하는 낫형세포병, 즉 적혈구가 낫 모양이 되는 겸상적혈구병을 치료할 수 있는 기술이 2023년 미국 식품의약국FDA에서 승인을 받으면서 크리스퍼를 이용한 질병 치료가 현실화되었다. 이처럼 생물물리학은 생명현상을 물리적 방법과 도구로 이해하는 학문인 동시에 신약 개발과 질병 치료에 활용될 수 있는 지식이기도 하다.

이 책에서는 생물물리학자가 생명에서 물리법칙을 찾기 위해 개발한 도구와 그것으로 새롭게 밝혀진 과학을 소개한다. 20세기 초중반에 생물학의 중요 발견인 DNA 이중나선 구조를 규명하기 위해 물리학 장비가 동원되었다. 이후 DNA와 RNA를 거쳐 단백질이 발현되기까지 그 과정을 관찰하는 데 레이저와 광학 지식이 결합된 광족집게와 형광공명에너지전달 기술이 개발되었다. 그리고 수십 나노미터 크기의 생체 분자를 관찰하기 위해 전자현미경, 초고해상 도현미경, 초저온전자현미경이 개발되었다. 새로 개발된 도구를 사용하여 DNA에서 RNA로 정보가 전달되는 전사 과정을 수 밀리초 (1/1,000초) 단위까지 밝혀냈고, 세포의 수명과 관련있다고 알려진 텔로미어 구조도 볼 수 있었다. 뒤이어 많은 시간과 노력이 필요한 단백질 구조 분석을 도와줄 인공지능이 등장했고, 마침내 인간의 모든 유전자를 분석할 수 있게 되었다.

이 모든 성과는 새로운 생명현상을 발견하기 위해 측정 장비를 개발하고, 그것으로 생명체를 관찰했던 생물물리학자의 위대한 연구 덕분에 이룰 수 있었다.

개구수numerical aperture 광학 시스템에서 렌즈가 얼마나 빛을 모을 수 있는지 나타내는 값이다. 이 값은 렌즈와 시료 사이에 있는 매질의 굴절률과 렌즈가 모을 수 있는 빛의 최대 각도로 결정된다. 개구수가 클수록 렌즈는 많은 빛을 모을 수 있어서, 작은 생체 구조를 선명하게 관찰할 수 있다.

고정fixation 세포와 조직의 미세 구조를 보존해 원래 상태를 유지하도록 처리하는 작업이다. 이를 거치면 단백질, 지질, DNA, RNA 등 생체 분자가 분해되거나 손실되는 것을 막을 수 있다.

광유전학optogenetics 빛을 이용해 신경세포의 활동을 조절하는 기술이다. 채널로돕신channelrhodopsin과 할로로돕신halorhodopsin 같은 감광 단백질이 사용되는데, 이 단백질은 특정 파장의 빛을 받으면 활성되거나 억제되어 신경세포의 막전위가 변한다. 광원의 위치와 시간을 조절해서 특정 신경세포의 활동을 실시간으로 조절하고 측정할 수 있다.

광족집게optical tweezer 레이저 빔을 이용해 나노미터에서 마이크로미터 크기의 입자를 잡아 조작하는 기술이다. DNA, 단백질, 세포 같은 생체 물질의 물리적 특성을 측정하거나 분자 간의 상호작용을 연구하는 데 사용된다.

구조생물학structural biology 생체 분자의 3차원 구조를 연구해 생물학적 기능에 어떻게 관여하는지 밝히는 학문이다. DNA, RNA, 단백질 같은 분자의 구조를 원자 수준에서 분석하며, 생물학적 메커니즘과 분자 간의 상호작용을 알아낸다. 구조생물학의 주요 방법인 엑스선 결정학X-ray crystallography은 고체 상태의 분자 구조를 분석하고, 핵자기공명NMR은 용액 상태에서 생체 분자의 동역학을 연구하는 데 활용된다. 초저온전자 현미경Cryo-EM은 큰 분자 복합체의 구조를 관찰하는 데 적합하다.

뉴클레오타이드nucleotide DNA와 RNA를 구성하는 기본 단위로 염기, 당(리보스 또는 디옥시리보스), 인산기로 구성된다. 염기는 아데닌, 구아닌, 시토신, 티민DNA, 우라실RNA로 나뉘며, 상보적인 염기쌍(아데닌-티민/우라실, 구아닌-시토신)을 형성한다.

다중서열정렬multiple sequence alignment DNA, RNA, 단백질의 유사성과 차이를 비교하고 분석하기 위해 서열을 정렬하는 방법이다. 분자 간 상동성과 보존된 특징을 식별해서 서열의 구조적, 기능적 특징을 이해하는 데 활용된다.

단분자 생물물리학single-molecule biophysics 특정 분자가 아보가드로수인 6.02×10^{23}만큼 있을 때를 1몰mole이라고 하는데, 이 중 딱 한 개의 분자를 잡아서 연구하는 생물물리학 분야를 단분자 생물물리학이라고 한다.

리보자임ribozyme RNA로 구성된 촉매로, 단백질이 아닌 RNA가 효소 역할을 수행한다.

마이크로RNAmicro RNA, miRNA 약 20~22개의 뉴클레오타이드로 구성된 짧은 비암호화 RNA로, 유전자 발현을 조절하는 기능을 한다. miRNA는 전사된 pri-miRNA 형태로 생성되어, 줄기-고리 구조인 머리핀 구조를 형성한 후 드로샤Drosha와 DGCR8 단백질에 의해 pre-miRNA가 된다. 이후 pre-miRNA는 세포질로 이동해 다이서 효소에 의해 잘려 성숙한 miRNA가 된다. 성숙한 miRNA는 리스크RISC와 결합해 유전자 발현을 조절한다.

모터 단백질motor protein 세포에서 아데노신 3인산ATP 가수분해로 생성된 에너지를 이용해 기계적인 운동을 하는 단백질이다. 세포골격을 따라 이동하면서 세포 내에서 물질을 운반하고 세포 구조를 유지하면서 세포 분열 과정에도 관여한다.

번역translation RNA 서열 정보를 이용해 단백질을 발현하는 과정이다.

브래그 법칙 Bragg's law 결정 구조에서 엑스선이 회절되는 조건을 설명하는 원리로, DNA, RNA, 단백질 같은 생체 분자의 3차원 구조를 밝히는 데 적용된다. 이 법칙은 $n\lambda=2d\sin\theta$이라는 방정식으로 표현되는데, 여기서 n은 회절의 차수(양의 정수), λ는 입사되는 엑스선의 파장, d는 결정 내 평행한 원자 면 사이의 간격, θ는 입사된 엑스선이 원자 면과 이루는 각도다. 이 방정식은 결정 구조에서 특정 조건을 만족할 때 엑스선이 강하게 회절하는 현상을 설명한다.

시냅스 가소성synaptic plasticity 신경세포 사이의 연결 부위인 시냅스가 활동에 따라 강도와 효율이 변화하는 현상으로, 학습과 기억에 관여하는 메커니즘이다. 시냅스 가소성은 신경전달물질 방출, 이온 흐름, 수용체의 변화 등 분자와 세포 수준에서 이루어진다. 장기강화long-term potentiation는 강한 자극으로 시냅스가 강화되는 것이고, 장기억압long-term depression은 약한 자극으로 시냅스가 약화되는 것이다.

앙상블ensemble 분자 집단의 평균 운동과 통계적 특성을 설명하는 개념이다. 단분자 실험에서는 개별 분자의 상태와 변화를 실시간으로 관찰해, 앙상블 실험에서 평균화되어 관찰할 수 없었던 정보를 알 수 있다.

오가노이드organoid 배아줄기세포나 성체세포를 역분화한 유도만능줄기세포를 3차원 환경에서 배양해 실제 장기와 유사한 구조와 기능을 가진 미니 장기다.

원자힘현미경atomic force microscope 미세한 탐침을 사용해 시료 표면의 원자 수준의 구조와 물리적 특성을 측정하는 현미경이다. 시료 표면에 탐침을 매우 가깝게 위치시켜, 탐침과 시료 간에 발생하는 원자 간 힘, 예를 들어 반데르발스 힘, 정전기력, 접촉력 등을 검출하고 분석한다.

위상차현미경phase contrast microscope 투명하거나 염색되지 않은 생체 시료를 관찰하기 위해 광원으로 사용하는 빛의 위상차를 명암 대비로 변환하는 현미경이다. 빛이 투명한 시료를 통과하면서 굴절률과 밀도 차이에 의해 위상이 변하고 이 위상차를 명암으로 변환한다.

유전자 프로필gene profile 특정 조건에서 발현되는 유전자들의 패턴을 분석한 것이다. RNA 서열 분석RNA sequencing, 초고해상도현미경 등을 이용해 유전자가 발현되는 동역학과 조절 메커니즘을 연구하는 데 활용된다.

일주기 리듬circadian rhythm 생명체 내부의 생체 시계가 약 24시간 주기로 생리적 변화를 조절하는 현상이다. 관련된 유전자와 단백질의 음성 피드백에 의해 조절된다.

자기집게magnetic tweezer 자성을 가진 입자에 자기장을 걸어 생체 분자나 세포에 힘을 가하거나 위치를 정밀하게 조절해서 생체 물질의 특성을 측정하는 도구다. 자성 입자를 DNA나 단백질에 결합한 뒤, 외부에서 자기장을 조절해 자성 입자에 걸리는 힘의 크기와 방향을 제어한다.

적응광학adaptive optics 빛이 생체 시료를 통과하면서 발생하는 왜곡을 보정해서 고해상도 영상을 얻는 기술이다. 주로 파면 센서, 변형 거울, 공간 광 변조기, 소프트웨어 계산 알고리즘 등의 도구를 이용해 왜곡된 파면을 측정하고 보정한다. 일반 광학현미경으로는 관찰할 수 없는 생체 조직 깊은 곳에서 고해상도 영상을 얻는 연구에 활용된다.

전기영동electrophoresis 전기장을 이용해 DNA, RNA, 단백질을 크기와 전하에 따라 분리하는 실험이다. 전기장이 가해지면 분자는 전하에 따라 양극 또는 음극으로 이동한다. DNA와 RNA는 음전하를 띠어 양극으로 이동하며, 단백질은 pH와 이온 조건에 따라 양극 또는 음극으로 이동한다.

전사transcription DNA를 주형으로 삼아서 RNA가 합성되는 과정이다.

전사체transcriptome 특정 시점에 세포나 조직에서 발현되는 모든 RNA의 집합으로, 그 시점에서 유전자 발현 상태를 반영한다.

전자현미경electron microscope 전자를 광원으로 사용해 시료를 관찰하는 현미경이다. 전자빔은 파장이 매우 짧아서 광학현미경의 회절 한계를 뛰어넘어 수 나노미터 크기의 물질도 구분할 만큼 해상도가 높다. 전자현미경의 종류로는 투과전자현미경transmission electron microscope, TEM, 주사전자현미경scanning electron microscope, SEM, 초저온전자현미경cryogenic electron microscope, Cryo-EM이 있다. 투과전자현미경은 시료 내부 구조를 고해상도로 관찰할 수 있고, 주사전자현미경은 시료 표면에서 3차원 구조를 알 수 있다. 초저온전자현미경은 시료를 냉동 상태로 관찰할 수 있어서 단백질 복합체와 바이러스 같은 생체 분자의 원자 구조를 분석할 수 있다.

제로 모드 도파관zero mode waveguide 빛의 회절 한계를 극복하면서 나노미터 크기의 금속 구멍에서 단분자 동역학을 관찰할 수 있는 기술이다. 빛의 파장보다 작은 나노미터 크기의 구멍에 빛을 모으고 소멸파evanescent wave를 이용해 구멍 바닥 부근의 작은 부피에서만 신호를 검출하므로, 배경 신호를 최소화하면서 단분자의 운동과 반응을 측정할 수 있다.

조직 투명화tissue clearing 생체 조직의 불투명도를 제거하거나 감소시켜 내부 구조를 고해상도로 관찰할 수 있는 기술이다. 생체 조직 내 빛의 산란과 흡수를 줄여서 빛이 조직을 균일하게 통과할 수 있게 만든다.

차등간섭현미경differential interference contrast microscope 빛의 간섭 현상을 이용해 투명하고 염색되지 않은 시료를 관찰할 수 있는 현미경이다. 시료를 통과하는 빛의 굴절률 차이를 검출해 이를 명암으로 변환해서 영상을 얻는다.

채널 단백질channel protein 세포막에 있으며, 특정 이온이나 분자가 세포 안팎으로 이동하는 통로 역할을 한다. 세포 내외 환경의 이온 농도와 전기화학적 분포를 조절하며 신호 전달 및 물질 이동에 관여한다.

초고해상도현미경super-resolution microscope 기존 광학현미경의 회절 한계를 극복해 나노미터 수준에서 생체 물질의 구조를 시각화하는 기술이다. 기존 광학현미경은 빛의 회절 현상에 의해 해상도가 약 200나노미터로 제한되지만, 초고해상도현미경은 검출된 단분자 신호의 세기를 계산하거나 주 광원의 크기를 보조 광원으로 줄이는 방식으로 한계를 뛰어넘는다.

카메라camera 빛을 전기 신호로 변환해 생체 시료의 영상을 얻는 도구로 세포와 분자를 시각화하거나 동역학을 연구하는 데 사용된다. 생물물리학에서는 일반적으로 CCD 카메라charge-coupled device camera, CCD camera와 CMOS 카메라complementary metal–oxide–semiconductor camera, CMOS camera가 사용된다. CCD 카메라는 광자가 카메라 센서 픽셀에 도달해 전자를 방출하면 이를 순차적으로 이동해 신호를 읽는다. 신호 대 잡음비가 높아서 약한 형광 신호나 단분자 실험에 적합하다. 그러나 픽셀 데이터를 순차적으로 읽기 때문에 빠른 동역학 연구에 활용하기에는 한계가 있다. 반면 CMOS 카메라는 각 픽셀이 독립적으로 빛을 감지하고 신호를 병렬로 처리한다. 그래서 데이터 처리 속도가 빨라 단백질 동역학, 신경 신호 같은 변화가 빠른 동역학 연구를 하는 데 유리하다. 하지만 신호 대 잡음비가 상대적으로 낮아 약한 신호를 감지하는 데는 제약이 있다.

크리스퍼/캐스9CRISPR/Cas9 크리스퍼는 Clustered Regularly Interspaced Short Palindromic Repeats의 약자로, 직역하면 '규칙적인 간격으로 분포하는 회문 구조의 짧은 반복 서열'이다. 크리스퍼/캐스9 시스템은 세균이 외부 바이러스의 침입을 방어하기 위해 사용하는 면역 체계에서 유래한 기술이다. 이 시스템에서 크리스퍼 영역은 바이러스 DNA의 일부를 삽입하여 과거 감염의 기억을 저장하는 역할을 한다. 바이러스가 다시 침입하면, 세균은 CRISPR 영역에서 저장된 바이러스 DNA를 기반으로 crRNA크리스퍼RNA를 생성한다. 이는 바이러스 DNA의 특정 서열을 인식하는 역할을 하며, tracrRNA트레이서RNA와 결합해 안정적인 복합체를 형성한다. 이 복합체는 캐스9 단백질을 유도해 바이러스 DNA를 절단한다. 캐스9 단백질은 crRNA의 유도를 받아 침입한 바이러스 DNA에 결합해 절단하며 이때 RNase III 단백질이 관여한다. 이렇게 절단된 바이러스 DNA는 비활성화되거나 파괴되어 세균은 바이러스 감염에서 방어할 수 있다.

탐침probe 생체 분자나 세포 구조를 측정하거나 분석하기 위해 설계된 분자로, 표적에 특정적으로 결합해 생명체의 상태를 시각화하거나 정량화하는 데 활용된다. 표적과 상보적으로 결합하며, 탐침에 붙은 형광 물질을 측정해서 표적을 측정한다.

표지marker 생체 분자나 세포 구조를 시각화하거나 추적하기 위해 특정 물질에 부착되는 도구다. 형광단백질, 형광 염료, 방사성 동위원소 등이 활용되며, 생체 환경에서 안정적으로 작동하는 물질이어야 한다.

프라이머primer 시발체라고도 불린다. DNA나 RNA의 특정 서열에 결합해 중합효소가 DNA나 RNA를 합성할 수 있는 출발점을 제공하는 짧은 단일 가닥 DNA나 RNA다. 프라이머는 표적으로 삼는 서열과 상보적으로 결합하며, 결합 효율은 프라이머 길이, 프라이머와 표적 서열 사이의 구아닌-시토신 결합 개수, 온도, 이온 농도에 따라 결정된다.

현장 혼성*in situ* hybridization DNA나 RNA를 세포나 조직 내에서 직접 탐지하는 방법이다. 형광 물질이 결합된 탐침을 표적 DNA나 RNA와 상보적으로 결합시킨 다음, 형광 신호를 검출해서 탐지한다.

형광 비드fluorescent bead 특정 파장의 빛을 흡수하고 흡수한 파장보다 긴 파장의 형광을 방출하는 입자다. 크기는 수 나노미터에서 수 마이크로미터까지 다양하게 있으며, 폴리스티렌이나 실리카 재질로 제작된다.

형광공명에너지전달fluorescence resonance energy transfer 또는 Förster resonance energy transfer, FRET 두 분자 사이의 거리가 수 나노미터 떨어져 있는 경우, 레이저로 1번 분자에 에너지를 가하면 수 나노미터 떨어져 있던 2번 분자에 에너지가 전달되는 현상이다. 이때 에너지가 전달되는 시간과 세기를 측정해서 두 분자의 상호작용을 알 수 있다. 두 분자 사이의 거리가 10나노미터 이상 떨어져 있는 경우에는 이런 에너지 전달 현상이 일어나지 않는다.

회절 한계diffraction limit 빛의 파동성 때문에 광학 시스템에서 해상도가 제한되는 현상이다. 빛이 렌즈를 통과할 때 회절이 발생하며, 점 광원은 에어리 디스크Airy disk라는 회절 패턴을 형성한다. 두 점 광원이 약 200나노미터보다 가까우면 이 패턴이 겹쳐 두 점을 구별하기 어렵다. 회절 한계는 일반적으로 $d=\lambda/(2NA)$라는 식으로 계산할 수 있다. 여기서 d는 두 점 광원의 최소 거리, λ는 광원으로 사용하는 빛의 파장, NA는 렌즈의 개구수다.

DNA 초나선 구조DNA supercoiling 이중나선 DNA가 추가로 꼬이거나 풀리면서 형성되는 구조다. DNA의 길이, 탄성, 외부 힘에 영향을 받아 형성되며, DNA의 구조적 안정성과 기능에 관여한다.

RNA 세계 가설RNA world hypothesis 초기 생명체가 DNA나 단백질보다 RNA로 형성되었다는 가설이다. RNA가 유전 정보의 저장과 생화학적 반응의 촉매 역할을 모두 수행할 수 있는 리보자임이 발견되면서 제안되었다. 최근에는 RNA-펩타이드 세계 가설RNA-peptide world hypothesis이 등장했다. 새 가설에 따르면, RNA와 펩타이드가 초기부터 공진화해서 현재 mRNA와 rRNA리보솜RNA에서 발견되는 RNA 염기들이 RNA에서 직접 펩·타이드를 합성했을 수 있다고 주장한다.

RNA 스플라이싱RNA splicing 전사된 전구 mRNApre-mRNA에서 단백질이나 최종 RNA의 정보가 없는 염기서열인 인트론intron을 제거하고, 단백질이나 최종 RNA의 정보가 있는 염기서열인 엑손exon을 연결해 성숙한 mRNA를 생성하는 과정이다.

1장

얼마나 작은 것까지 볼 수 있을까?

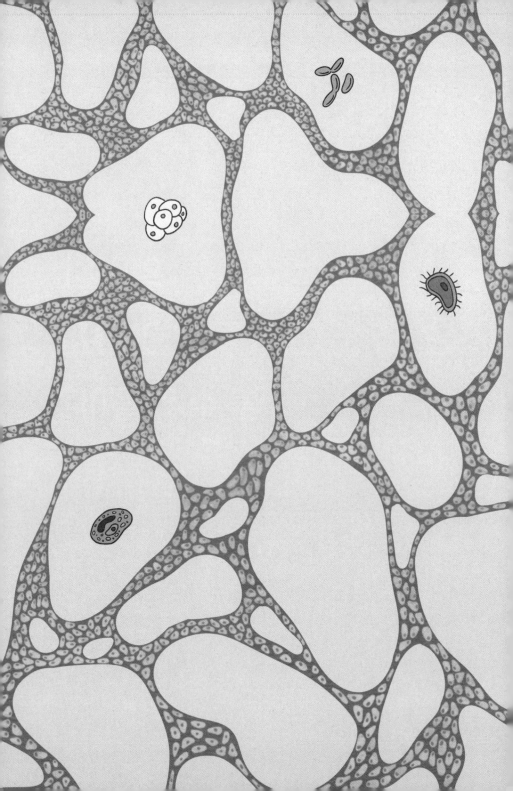

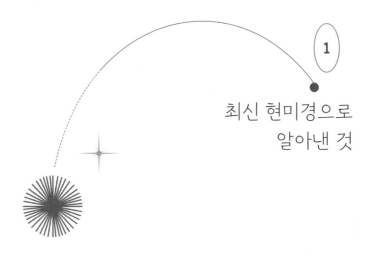

최신 현미경으로
알아낸 것

현미경은 생명체를 관찰하는 오래된 도구이자, 지금도 새로운 기술로 업데이트되는 실험 장비다. 맨눈으로는 관찰할 수 없는 작은 생명체, 생명체를 이루는 세포, 생명의 정보를 담고 있는 DNA와 RNA까지, 현미경으로 관찰하는 대상은 폭넓다. 생물물리학은 생명 현상에서 물리법칙을 밝히는 학문이다. 크게는 생명체 집단의 행동과 진화 과정을 연구하기도 하고, 작게는 DNA나 RNA가 유전정보를 전달하는 과정을 밝히기도 한다. 이 책에서는 DNA, RNA, 단백질, 세포 크기에서 작동하는 생명현상을 다룬다.

DNA 1염기쌍 간격이 0.34나노미터이고 포유류 세포의 크기가 약 10마이크로미터인데, 이 정도 크기의 물질을 관찰하려면 현미경이 필요하다. 여러 현미경 중에서도 빛을 이용하는 광학현미경이 생물학 연구에 주로 사용되고 있다. 광학현미경을 구성하는 부품에는 렌즈, 거울, 필터, 레이저 등이 있다. 이런 부품은 물리학의 오래된 분야인 광학에서 정립된 이론과 실험을 근거로 하여 작동한다. 생물학자의 경우 현미경을 새로 개발하기보다 연구 대상인 모델 생물을 이용해 적절한 생체 시료를 만드는 작업이 중요하다. 암 연구를 위해 형질전환 쥐를 생성한다든지, 발생 연구를 위해 예쁜꼬마선충에 형광단백질을 발현하는 작업이 그렇다. 생물물리학은 측정 장비를 만드는 데 의미를 부여하는 물리학과 생체 시료를 만드는 게 중요한 생물학이 교차되는 영역에 속한다.

현미경은 보기 위한 도구다. 그렇다면 '본다'는 것은 무엇일까? 광원에서 빛이 나와 어떤 사물에 닿으면 그 빛은 반사되거나 투과된다. 이렇게 사물에 반사되거나 투과되어 나온 빛을 눈과 뇌가 인식하는데, 이것이 '본다'는 것이다. 이렇듯 일상생활에서 빛을 이용해 보는 과정은 생명의 미시세계를 관찰하는 데도 그대로 적용된다. 다만 광원으로 레이저나 발광다이오드LED가 사용되고, 이 광원을 반사하고 확대하기 위해 거울과 렌즈가 필요하며, 반사되거나 투과된 빛을 감지하기 위해 카메라가 필요하다는 점이 다를 뿐이다.

현미경은 17세기에 개발되었지만, 지금도 새로운 기술이 결합하면서 성능이 향상되고 있다. 특히 2000년대 중반에 개발된 초고해상도현미경은 빛을 광원으로 사용하는 광학현미경에서 회절 한계 이하의 물체도 구분할 수 있다는 것을 입증했다. 회절 한계란 수십 나노미터 크기의 생체 물질이 실제 크기가 아니라 약 200마이크로미터 크기로 관찰되는 현상이다. 광원으로 사용하는 빛 파장의 절반 정도의 크기만을 구분할 수 있다.

100나노미터 크기의 원형 형광 비드 두 개가 1마이크로미터(1마이크로미터는 1,000나노미터다) 떨어져 있다고 하자. 형광 비드란 수십 나노미터에서 수 마이크로미터 크기의 원형 구슬에다가 특정 파장에만 반응하는 형광물질을 붙인 것이다. 형광 비드의 크기, 모양, 빛에 반응하는 형광물질의 파장을 미리 알고 있으므로 실제 형광 비드를 측정한 결과와 비교하면 현미경의 특성을 알 수 있다. 두 형광 비드를 가시광선 대역(400~700나노미터)의 빛을 이용하는 현미경으로 관찰한다면, 광원 파장의 절반인 200~350나노미터보다 두 형광 비드 사이의 거리가 멀기 때문에 구분할 수 있다. 이번에는 두 형광 비드가 50나노미터 떨어져 있다고 하자. 같은 광학현미경으로 관찰하면 두 형광 비드의 크기가 회절 한계보다 작아서 실제 떨어져 있는 거리도 구분되지 않고 두 형광 비드도 구분할 수 없다.

회절 한계는 연구 질문의 경계를 만들기도 한다. 크기를 정확하게 측정할 수 없다면, 그 미세 구조물이 어떤 기능을 하는지도 알 수 없기 때문이다. 대표적인 물질이 세포 내에서 물질 전달 경로 역할을 하는 미세소관microtubule과 액틴actin이다. 이 물질의 존재와 대략적인 기능은 알려져 있었지만, 수십 나노미터라는 작은 크기 때문에 연구하는 데 제약이 많았다. 뒤에서 자세히 설명할 광족집게와 형광공명에너지전달, 초고해상도현미경이 개발되어 생체 내 미세 구조를 관찰할 수 있게 되면서, 세포의 구조를 지지하고 세포 내에서 물질을 운송하는 미세소관이나 액틴 같은 미세 구조물이 연구 주제로 각광받고 있다.1

초고해상도현미경으로 밝혀진 것으로 텔로미어 말단의 구조가 있다. 텔로미어는 염색체 끝에 있는 부위로 세포가 분열할 때마다 짧아지기 때문에 수명과 관련이 큰 것으로 알려져 있다. 텔로미어가 외부의 힘과 자극에 의해 파괴되지 않도록 끝이 말려 있는 t자 형으로 되어 있다는 것이 여러 연구로 알려져 있었다. 그런데 t자 구조의 크기가 회절 한계보다 작아서 대략적인 그림만 알려져 있었을 뿐, 정확한 구조와 크기를 알 수 없었다. 그러다가 초고해상도현미경 덕분에 크기와 구조가 밝혀졌다.2

신경세포 간격인 시냅스를 구성하는 단백질을 초고해상도현미경으로 관찰한 연구도 발표되었다.3 신경세포들 간의 정보 전달은 신경전달물질을 이용한 화학적인 방법과 세포들이 직접 연결되어 전기적으로 전달되는 방법이 있다. 시냅스 간격은 시료에 전자를 입사해서 관찰하는 전자현미경을 통해 이미 수십 나노미터라고 알려져 있었다. 하지만 이 크기 역시 회절 한계보다 작기 때문에 광학현미경으로는 시냅스 영상을 얻을 수 없었는데, 최근 초고해상도현미경을 이용해 시냅스를 구성하는 단백질의 영상을 얻었다. 뿐만 아니라 시냅스전presynapse과 시냅스후postsynapse에 있는 여러 단백질의 영상을 다중 색상 초고해상도현미경을 이용해 얻기도 했다. 전자현미경으로는 시냅스 구조와 크기만 알 수 있지만, 초고해상도현미경으로는 시냅스를 구성하는 단백질의 종류와 분포까지 확인할 수 있다.

볼 수 없다고 해서 존재하지 않는 건 아니다. 현미경 역사에 등장하는 레이우엔훅Antoni van Leeuwenhoek이 맨눈으로 볼 수 없었던 미생물을 현미경으로 발견했던 것처럼, 초고해상도현미경으로 수십 나노미터 크기의 생체 물질도 볼 수 있다. 관찰할 수 없다면 연구 주제로 선택되기 어렵다. 관측 장비를 개발하는 일은 우리가 그동안 못 봤던 세계를 볼 수 있도록 해주는 일이다. 생물물리학자는 생명현상을 관찰할 수 있는 도구를 개발해 새로운 생명현상을 규명하는 일을 한다.

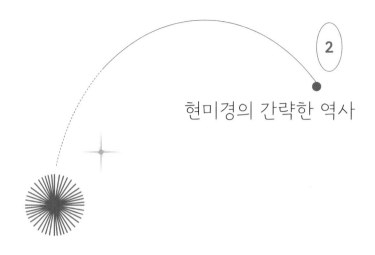

현미경의 간략한 역사

17세기 네덜란드 의류 상인이자 자연철학자였던 레이우엔훅은 270배 정도 확대해서 볼 수 있는 현미경을 제작해서 의류 품질을 확인하는 데 사용했다. 그가 관찰한 것은 옷만이 아니어서, 처음으로 살아 있는 세포를 관찰한 것으로도 알려져 있다. 갈릴레오가 망원경을 만들어 목성의 위성을 발견한 게 17세기 초반이었다는 것을 고려하면, 현미경은 망원경과 역사를 함께했다고 볼 수 있다.

현재 여러 분야에서 두루 사용되는 다양한 현미경은 20세기에 들어와서 발전했다. 전자현미경은 1932년 독일 물리학자 에른스트 루스카Ernst Ruska에 의해 개발되었다.4 전자현미경은 크게 두 종류로 나뉘는데, 시료에 전자를 투과하는 투과전자현미경과 시료 표면을 스캔하는 주사전자현미경이 있다. 전자현미경은 수 나노미터에서 수 옹스트롬 크기의 물체까지 측정할 수 있어서 반도체와 재료 분야에서도 활용되고 있다. 여기서 잠깐 길이 단위를 살펴보면, 1밀리미터는 10^{-3}미터, 1마이크로미터는 10^{-6}미터, 1나노미터는 10^{-9}미터, 1옹스트롬은 10^{-10}미터다. 머리카락 두께가 약 100마이크로미터라고 하는데, 1나노미터는 그것의 10만 분의 1(1/100,000)이고 1옹스트롬은 100만 분의 1(1/1,000,000)이다.

최근에는 생체 시료를 초저온 상태에서 처리해 움직이는 분자를 고정한 다음, 전자현미경으로 관찰하는 초저온전자현미경이 각광받고 있다. 일반적인 전자현미경은 전처리 과정에서 사용하는 화학물질 때문에 생체 정보를 파악하기 어려웠는데, 초저온전자현미경은 영하 196℃의 액체질소를 사용해 순간적으로 시료를 얼리기 때문에 생체 물질이 손상되지 않는다는 장점이 있다.[5]

세포는 대부분 물로 되어 있어 투명한데, 이 세포를 살아 있는 상태에서 관찰하는 기술도 개발되었다. 생체 물질의 굴절률에 따른 위상 차이를 이용한 위상차현미경과 차등간섭현미경이 그것이다. 또 다른 방식으로는 생체 시료에 형광물질을 붙이고 빛을 입사해서 관찰하는 광학현미경이 있다. 일반적으로 광원으로는 400~700나노미터 파장wavelength의 가시광선 레이저나 발광다이오드를 사용한다.

여기서 파장이란 파동wave에서 위상이 같으면서 서로 이웃한 두 점 사이의 거리를 뜻한다. 예를 들어 파장이 400나노미터라고 하면, 위상이 같은 이웃한 두 점 사이의 거리가 400나노미터라는 의미

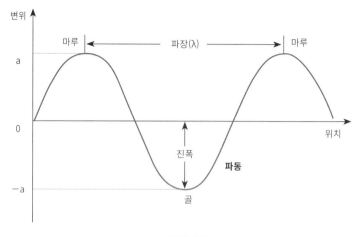

그림 1-1 파장과 파동

다. 형광물질은 특정 파장의 입사광에만 반응해서 특정 파장의 형
광 신호를 방출하기 때문에 파장에 따라 다양한 색상의 영상을 얻
을 수 있다. 형광물질이 에너지를 흡수해서 들뜬상태가 되었다가 바
닥상태로 떨어지면서 빛을 내는 현상을 형광이라고 한다.

　　생체 시료에 표지된 형광단백질이나 형광염료에서 방출되는 신
호는 매우 약하기 때문에 감도가 좋은 카메라나 광전증폭관Photo
Multiplier Tube을 사용해서 검출한다. 시료가 입사광을 받은 후 방출
한 신호를 핀홀pinhole이라고 부르는 작은 구멍을 통과시켜서 신호
대 잡음비를 높이는 방법도 있다. 잡음이란 실험이나 측정 과정에서
발생하는 원치 않는 간섭이나 무작위적인 신호를 말하는데 전기, 주

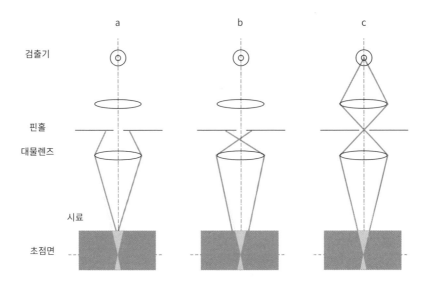

그림 1-2 a나 b처럼 초점면이 아닌 영역에서 오는 신호는 핀홀에서 차단되고,
c처럼 초점면에서 오는 신호만 핀홀을 통과해 검출기에 도달한다.

변 환경, 측정 장비의 한계 등 여러 요인으로 발생할 수 있다. 핀홀이 없으면 초점면이 아닌 영역에서도 신호가 검출되기 때문에 신호 대 잡음비가 낮아지지만, 핀홀을 설치하면 시료에서 방출된 형광신호 중에서 초점면에서 오는 신호만 통과하고, 그 밖의 부분에서 오는 신호는 차단되므로 신호 대 잡음비가 높아진다. 이 원리를 이용한 현미경을 공초점현미경confocal microscope이라고 하는데, 1950년대 중반 마빈 민스키Marvin Minsky에 의해 개발되었다.

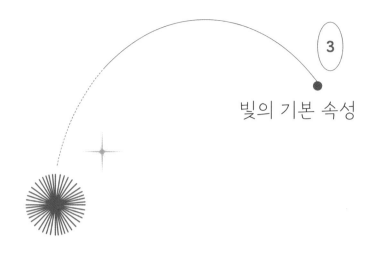

빛의 기본 속성

태양이 방출하는 빛이 지구 생명체가 살아가는 근원인 만큼, 태양과 빛은 인류의 큰 관심사였다. 청동거울이 고대 유물에서 발견되는 것을 보면, 빛을 반사하는 물체를 오래전부터 사용했다는 걸 알 수 있다. 뉴턴은 광학 연구에 크게 기여했고, 괴테는 빛과 색에 관한 책을 쓰기도 했다. 20세기에 아인슈타인은 빛이 매질 없이 진행한다는 사실을 밝혔고, 빛의 속도가 일정하다는 가정으로부터 상대성이론을 정립했다. 현재 1미터는 진공에서 빛이 1/299,792,458초 동안 진행한 거리로 정의된다. 물리학이 시간과 거리를 측정하는 게 주요 활동인 만큼, 빛은 지금도 측정 표준으로 활용된다.

광학은 빛의 특성을 이해하고 활용하는 물리학의 분과 학문이다. 물이 담긴 컵에 막대를 넣고 컵 위에서 보면 막대가 꺾여 보이는 굴절 현상은 잘 알려진 빛의 현상이다. 볼록렌즈를 이용해 빛을 모을 수도 있고, 오목렌즈로 빛을 분산할 수도 있다. 거울을 마주하면 빛이 양쪽 거울에 계속 반사하면서 무한 이미지가 만들어진다. 이처럼 빛이 진행하면서 물체를 만나 굴절, 반사, 회절하는 특성을 다루는 분야를 기하광학이라고 한다. '기하'라는 단어가 붙은 건 직선, 삼각형, 사각형, 원처럼 기본적인 도형의 기하학적 원리가 광학을 이해하는 데 필수적이기 때문이다. 여러 부품이 정교하게 배치된 최신 현미경도 기본 원리는 기하광학이다.

현미경에서는 평행광이 중요하다. 빛이 이동하는 거리와 상관없이 광원의 크기나 모양, 배율 등은 변하지 않기 때문이다. 빛이 평행광으로 진행될 때 임의의 위치에 광원에 변화를 주는 거울, 렌즈, 필터 같은 광학 부품을 놓는다. 그래서 현미경 등 광학 장비를 만들 때는 평행광이 형성되는 위치를 확인하고, 그곳에서 실제로 평행광이 만들어졌는지 점검하는 작업이 중요하다. 볼록렌즈의 경우 렌즈에 입사된 빛이 한 점으로 모이는 초점까지의 거리인 초점거리가 렌즈마다 다르다. 볼록렌즈에 평행광이 입사하면, 렌즈를 통과한 빛은 초점거리에서 한 점에 모이는데, 이는 초점거리에서 출발한 광원이 볼록렌즈를 통과하면 평행광이 된다는 뜻이기도 하다.

최신 현미경도 이런 원리를 이용한다. 먼저 레이저나 발광다이오드에서 빛이 방출된다. 이 빛이 평평한 거울에 입사하면 입사된 각과 동일하게 반사된다. 만약 볼록렌즈를 통과하면 초점거리에서

한 점으로 모였다가 다시 확산된다. 예를 들어 첫 번째 볼록렌즈 다음에 두 번째 볼록렌즈를 초점거리를 지난 곳에 배치하면, 평행광이었던 빛이 첫 번째 볼록렌즈를 지나면서 초점에 모였다가 두 번째 볼록렌즈를 지난 뒤에는 다시 평행광으로 진행된다.

볼록렌즈의 초점거리에 맞추어 배열하면 광원의 배율도 조절할 수 있다. 이러한 배열 방식을 4f 시스템이라고 부른다. 4f 시스템이라고 부르는 이유는 렌즈 두 개를 연결할 때 첫 번째 렌즈의 초점거리(f_1)만큼 렌즈 앞뒤로 거리를 두고($2 \times f_1$), 두 번째 렌즈의 초점거리(f_2)만큼 렌즈 앞뒤로 거리($2 \times f_2$)를 두어 배열하기 때문이다. 최신 현미경은 4f 시스템에 따른 배열을 기본적으로 따른다.

첫 번째 볼록렌즈의 초점거리가 100밀리미터이고, 두 번째 볼록렌즈의 초점거리가 200밀리미터인 경우를 생각해보자. 두 렌즈를

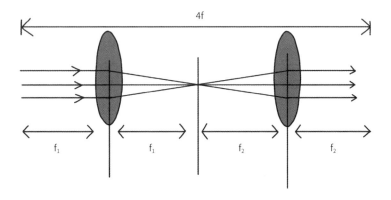

그림 1-3 최신 광학현미경에 적용되는 4f 시스템

초점거리에 맞추어 4f 시스템으로 배열했다면, 이 경우에 평행광으로 입사한 영상은 두 개의 볼록렌즈를 통과한 다음에는 200밀리미터/100밀리미터=2의 관계식에 의해 두 배 확대된 영상이 된다. 같은 원리로 렌즈들을 배열해서 영상을 확대하거나 축소할 수 있다.

암 연구에 많이 사용되는 인체 유래 암세포인 헬라 세포는 크기가 대략 10마이크로미터다. 이 세포를 관찰하기 위해 초점거리가 100밀리미터 볼록렌즈와 초점거리가 200밀리미터인 볼록렌즈를 4f 시스템에 맞추어 배열하면, 처음 10마이크로미터 크기였던 세포 영상이 두 볼록렌즈를 통과한 다음에는 두 배로 확대되어 20마이크로미터로 관찰된다. 그다음에도 렌즈를 4f 시스템으로 배열하면 세포 영상을 더 확대할 수 있다.

현미경으로 본 것을
기록하는 카메라

광원에서 나온 빛은 거울에 반사되면서 방향이 바뀌고, 렌즈를 통과하면서 빛이 확대되거나 축소된다. 이 빛이 생체 시료를 통과하거나 반사하면서 세기나 위상 등이 바뀐다. 수 밀리미터 크기의 생체 조직을 광학현미경으로 관찰하면 광원이 이 시료를 통과하면서 산란하거나 굴절하는데, 이 과정에서 빛의 세기와 위상이 변한다. 검출기에 기록되는 데이터에는 시료를 통과하거나 반사된 신호도 있지만, 측정하려는 초점면이 아닌 부분에서 오는 신호도 기록된다. 따라서 우리가 원하는 신호만 골라내는 방법이 중요하다.

일반적으로 현미경에 연결해서 사용하는 검출기는 카메라와 광전증폭관이 있다. 접안렌즈를 통해 눈으로 생체 시료를 관찰하기 때문에 눈도 일종의 검출기라고 할 수 있다. 중고등학교에서는 접안

렌즈에 눈을 대고 시료를 확대해서 관찰하는 현미경을 주로 보았을 것이다. 하지만 연구 현장에서는 접안렌즈로 직접 보기보다는 검출기와 컴퓨터를 이용해 영상을 얻는다. 과학 연구는 데이터로 가설을 검증하는 활동인 만큼, 눈으로만 관찰하고 데이터로 저장하지 않으면 결과를 비교할 수도 분석할 수도 없다.

검출기는 카메라와 광전증폭관의 감도, 검출 파장 대역, 기록 저장 방식에 따라 가격과 성능에 큰 차이가 있다. 당연히 고가의 장비가 고성능인 건 맞지만, 예산은 언제나 빠듯하고 연구비는 충분하지 않다. 그래서 실험 목표와 예산을 고려해서 적합한 장비를 선택해야 한다.

특정 주파수 이상의 빛이 광전증폭관으로 들어오면, 광전효과에 의해 전자를 방출한다. 광전효과는 1921년 아인슈타인이 노벨물리학상을 받을 때 노벨 위원회가 수상 근거로 꼽은 대표적인 업적으로서 물질이 빛을 받으면 전자를 방출하는 현상이다. 입사되는 빛이 매우 약하다면 추가적인 전자 증폭 장치 없이는 최종 검출 신호도 매우 약해서 잡음에 가려질 수 있다. 그래서 1차 광전효과에 의해 방출된 전자를 2차로 증폭하는 단계가 필요하다. 이렇게 증폭된 전자가 전류로 변환되어 최종 검출되는 것이다. 관찰하려는 생체 물질에 표지된 형광물질에서 방출되는 신호가 약하기 때문에, 약한 신호로도 생체 시료에서 데이터를 얻을 수 있도록 광전증폭관을 사용한다.

최근에는 현미경에 장착되는 검출 장치로 카메라를 이용하는 경우가 많다. 생명체의 미시 구조를 관찰하는 카메라도 핸드폰에 내장된 디지털카메라와 원리가 동일하며 조리개, 렌즈와 렌즈를 연결하는 어댑터, 감광 센서 등 구성 부품도 같다. 다만 현미경에 연결되는 카메라가 과학 연구에 좀 더 특화된 성능을 갖추고 있다.

　　디지털카메라는 일반적으로 CCD 카메라와 CMOS 카메라로 구분된다. 두 카메라는 빛을 감지하는 감광 센서가 전하결합소자^{CCD}인가, 상보성 금속 산화물 반도체^{CMOS}인가에 따라 달라진다. 두 카메라는 데이터 저장 방식과 컴퓨터로 데이터가 전달되는 방식에서도 다르다. CCD 카메라는 광자를 검출해 전기 신호로 바꿀 때 픽셀들의 행 또는 열 단위로 신호를 검출하기 때문에 속도가 제한된다. 반면 CMOS 카메라는 각 픽셀을 개별적으로 검출하기 때문에 정보를 빠르게 처리할 수 있다.

　　일반적으로 CCD 카메라가 CMOS 카메라보다 광자로 전환되는 전자 비율을 의미하는 양자 효율이 높다. 양자 효율이 높으면 신호 대 잡음비가 높아서 카메라에 들어오는 광자 수가 적어도 신호를 검출할 수 있다. 반면 데이터 처리와 전달 속도 측면에서는 CMOS 카메라가 CCD 카메라보다 빠르다. 그래서 실험 목적에 적합한 카메라를 선택하는 게 중요하다. 속도는 느리더라도 최대한 좋은 이미지를 얻고 싶다면 CCD 카메라를 선택하고, 살아 있는 생체 시료의 이미지를 얻기 위해 빠르게 찍어야 한다면 CMOS 카메라를 선택한다. 물론 예산도 중요한 고려 사항이다. 일반적으로 CMOS 카메라가 CCD 카메라보다 저렴하다. 최근에는 CMOS 카메라의 양자 효율이 CCD 카메라 수준으로 높아지면서, 점차 CMOS 카메라를 선택하는 연구자가 늘고 있다.

생명체를 색칠하는 도구, 형광단백질과 형광염료

생체 시료를 관찰하기 위해 렌즈와 거울, 카메라를 준비했다면, 그다음에 생체 시료에서 무엇을 관찰할지 결정해야 한다. 생명체를 분자 수준에서 관찰할지, 개체를 분석할지, 생태 환경을 다룰지에 따라 도구도 달라진다. 생물물리학은 주로 분자와 세포 단위에서 생명현상을 이해하는 데 집중한다. 개체나 집단 수준에서도 물리학적으로 접근할 수도 있겠지만, 측정 도구를 개발하고 새로운 현상을 발견하는 물리학 방법론은 미시 세계를 관찰하는 데 적합하다.

앞에서 살펴보았듯이, 광원에서 나온 빛이 생명 시료를 통과하거나 반사하는 빛을 카메라로 검출한다. 그런데 세포 수준에서 보면 생명체는 대부분 투명하다. 인간의 몸도 70퍼센트가 물이고 다른 생명체들도 대부분 물로 이루어져 있다. 깨끗한 물은 투명하므로 세포 수준에서 생명체가 투명한 건 당연하다. 그래서 세포는 현미경으로 관찰하기 쉽다.

하지만 세포와 생체 물질이 빽빽이 들어찬 생체 조직은 불투명하다. 조직이 불투명하다는 의미는 조직에 빛을 입사시켰을 때 통과되는 양이 줄어들고 투과 깊이도 짧아진다는 것이다. 세포는 대부분이 물이긴 하지만 다른 세포 내 물질도 포함되어 있다. 그런 세포가 밀집되어 있는 상황이라면 불투명한 조직이 될 수 있다. 그래서 최근에는 불투명한 조직을 투명하게 만들어 생체 내 미세 구조를 관찰하는 연구가 수행되고 있다. 이런 기술을 조직 투명화라고 부른다.

세포 안에는 많은 생체 분자가 있는 만큼, 연구자가 관찰하려는 대상을 구분할 수 있어야 한다. 모든 단백질의 기능을 동시에 관찰할 수 있다면 좋겠지만 현재의 관측 장비로는 그렇게 할 수 없기 때문이다. 그래서 연구자는 특정 단백질이나 특정 세포만을 관찰할 수 있는 염색법을 활용한다. 염색법의 역사는 100년 이상 거슬러 올라간다. 카밀로 골지Camilo Golgi는 뇌세포 하나를 염색해서 관찰한 성과로 유명하다.[6]

골지가 세포 하나를 관찰한 이후에는 세포 여러 개나 단백질을 관찰할 수 있는 방법이 개발되었다. 그중 하나가 면역염색이다. 이 방법은 외부 물질로부터 몸을 보호하는 면역 반응, 즉 항원과 항체가 특이적으로 결합하는 반응을 활용한다. 관찰하려는 단백질을 항원으로 간주하고, 그 항원과 결합하는 항체 물질을 개발하면 관찰하려는 특정 목표만 골라낼 수 있다. 항체에 현미경으로 관찰하기 적합한 표지를 붙이면, 항체와 일대일로 반응하는 항원이 특이적이므로 항체의 표지만 관찰해도 해당 항원의 단백질을 특정할 수 있다. 즉 목표 단백질(항원)과 표지된 물질(항체)을 결합시킨 후 표지에 있는 형광 신호를 관찰하는 것이다.

항체에 붙은 표지로 형광염료를 이용하면 여러 단백질을 동시에 관찰할 수도 있고, 하나씩 순차적으로 관측할 수도 있다. 형광염료는 입사되는 광원과 방출되는 신호가 각각 정해져 있어서, 광원과 파장이 겹치지 않도록 형광염료를 선택하면 하나의 시료에서 여러 단백질을 관찰할 수 있다. 항원-항체 반응을 이용해 염색하기 때문에 이 방법을 면역형광염색법immunofluorescence method이라고 한다.

관찰하려는 단백질에 직접 결합하는 항체를 1차항체라고 하고, 1차항체에만 특정하게 결합하는 항체를 2차항체라고 한다. 형광염료를 1차항체에 결합해서 사용할 수도 있고, 2차항체에 결합해서 사용할 수도 있다. 1차항체에 형광염료를 결합하는 방식이 간단하지만, 1차항체가 2차항체에 비해 비싸기 때문에 자주 사용되는 방식은 아니다. 비싼 1차항체를 조금만 사용한 다음, 상대적으로 저렴한 2차항체에 형광염료를 결합해도 강한 형광 신호를 얻을 수 있어서 간접법이 자주 사용된다.

또한 관찰하려는 단백질에 형광단백질을 발현하는 방법도 활용된다. 대표적인 형광단백질인 녹색 형광단백질은 1962년 일본의 시모무라 오사무下村脩, Shimomura Osamu가 해파리의 형광물질을 연구하다가 발견했다. 지금은 녹색 외에도 여러 색의 형광단백질이 합성되어 생물학 연구에 사용되고 있다.7 각 형광단백질마다 흡수하고 방출하는 스펙트럼이 다르고 크기와 화학 특성도 다르기 때문에 연구자는 자신의 실험 목적에 맞는 형광단백질을 찾아야 한다. 최근에는 형광단백질 검색 사이트에서 자신이 필요한 형광단백질을 찾아서 사용할 수 있다.8

형광염료를 사용하는 면역형광염색법에 비해, 관찰하려는 특정 단백질에서 직접 형광단백질이 발현되기 때문에 측정할 필요가 없는 단백질에서 신호가 검출될 가능성이 적다. 하지만 형광단백질의 신호 세기는 형광염료보다 약하다. 그래서 관찰하는 시료의 특성, 정확성, 신호 세기 등을 고려해 형광염료 또는 형광단백질을 선택한다.

생물물리학자는 생체 시료, 형광염료, 형광단백질의 특성을 측정하기도 하고, 새로운 형광물질을 개발하기도 하며, 좀 더 정밀한 데이터를 얻는 방법을 제안하기도 한다.

나노미터 크기도 구별하는
초고해상도현미경

관찰할 시료가 준비되었다면 시료와 목적에 적합한 현미경을 선택할 차례다. 수 나노미터 크기의 구조를 보려면 전자현미경이 적합하고, 양파 표피처럼 기초 교육용이라면 자연광을 이용한 간단한 현미경도 괜찮다. 여기서는 생물학 연구에서 자주 사용되는 광학현미경을 예로 들어보겠다.

광원으로 사용하는 레이저에서 나온 빛이 잘 정렬된 거울과 렌즈를 지나 적절한 배율의 광원으로 확대되어 시료에 입사된다. 시료에는 특정 단백질만을 표지하는 형광염료나 형광단백질이 결합해 있다. 시료에 광원이 입사되면 입사된 광원보다 긴 파장의 신호가 형광물질로부터 방출된다. 이 형광 신호는 다시 잘 정렬된 거울과 렌즈를 지나 카메라로 검출된다. 마지막으로 카메라 센서에 감지된 신호는 컴퓨터에 전송되어 모니터에 나타나고, 연구자는 결과를 보고 데이터를 분석한다. 이것이 현재 형광현미경이 사용되는 과정이다.

그렇다면 현미경으로는 얼마나 작은 크기의 물체를 볼 수 있을까? 물리학자가 입자가속기를 이용해 가장 작은 물질 단위인 힉스 입자를 발견했듯이, 생체 시료에서도 그럴 수 있지 않을까? 물론 생체 시료도 원자로 되어 있고, 원자는 다시 양성자, 중성자, 전자로 쪼갤 수 있다. 그리고 계속 쪼개면 생체 시료에서도 힉스 입자가 검출될 것이다. 하지만 힉스 입자를 검출하기 위해서는 두 입자를 충돌시켜야 하고, 현미경과는 다른 방식으로 신호를 검출하는 장비가 필요하다. 그래서 현미경으로 얼마나 작은 물체까지 볼 수 있는지는 20세기 동안 물리학자의 주요한 연구 주제였다.

그냥 고배율 렌즈를 이어서 연결하면 수십만 배, 수억 배 확대할 수 있지 않을까? 하지만 그럴 수 없다는 것은 19세기 후반 수학자 에른스트 아베Ernst Abbe에 의해 입증되었다.9 아베의 증명에 따르면, 빛의 회절하는 특성 때문에 광원으로 사용하는 빛 파장의 절반 정도의 크기까지만 구분할 수 있다.

현재 생물학 연구에서 사용하고 있는 가시광선 대역의 레이저를 이용해 예를 들어보자. 녹색 형광단백질을 관찰하기 위한 광원으로 488나노미터 파장의 빛이 방출되는 레이저를 사용한다. 대물렌즈의 성능을 알려주는 개구수를 1이라고 하자. 일반적으로

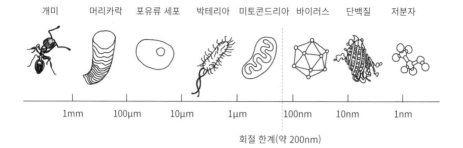

| 개미 | 머리카락 | 포유류 세포 | 박테리아 | 미토콘드리아 | 바이러스 | 단백질 | 저분자 |

| 1mm | 100μm | 10μm | 1μm | 100nm | 10nm | 1nm |

회절 한계(약 200nm)

그림 1-4 회절 한계를 나타낸 그림

60~100배 정도의 고배율 대물렌즈의 개구수는 1~1.4 정도의 값이다. 회절 한계는 광원의 파장을 개구수에 2를 곱한 값으로 나눈 결과로 계산하는데, 여기서는 244나노미터다. 이때 광원 파장에 따라 회절 한계가 조금씩 달라지기 때문에 대략 200나노미터 정도를 회절 한계로 간주한다.

회절 한계의 의미는 이 한계보다 작은 크기의 물체를 관찰할 때 드러난다. 회절 한계보다 큰 1마이크로미터 크기의 대장균을 관찰한다고 해보자. 이때는 현미경으로 찍은 대장균 영상이 실제 대장균 크기를 반영한다.

이제는 회절 한계보다 작은 녹색 형광단백질을 관찰해보자. 녹색 형광단백질은 여러 연구에 의해 길이 4.2나노미터, 지름 2.4나노미터의 원통형 모양이라고 알려져 있다.[10] 회절 한계인 200나노미터보다 작다. 가시광선 대역의 광원을 이용해 녹색 형광단백질을 관찰하면, 회절 한계에 의해 200나노미터보다 크게 보인다. 연구자가 실험을 정밀하게 통제한다고 해도 회절 한계 때문에 카메라로 얻은 영상에서는 2~4나노미터 크기가 200나노미터 정도로 확대된다. 즉 회절 한계보다 작은 물체는 형광현미경을 이용해서는 정확한 크기를 알기 어렵다.

회절 한계가 수학적으로 입증된 시기가 19세기 후반인데, 이 한계를 넘어서는 방법이 논문으로 발표된 것은 2000년대 중반이었다. 100년이 넘는 시간 동안 물리학에서는 맥스웰 방정식으로 전자기학이 이론적으로 정립되었고, 양자역학이 등장했으며, 상대성이론으로 시간과 공간에 대한 사고가 바뀌었다. 같은 시기 생물학에서는 멘델의 유전법칙부터 DNA 이중나선 구조 발견, 인간게놈프로젝트 완료까지 커다란 도약이 있었다. 하지만 회절 한계라는 주제는 물리학자와 생물학자에게 그다지 매력적인 연구 주제가 아니었다. 그래서 이 질문을 해결하는 데 관심 있는 과학자는 많지 않았다.

회절 한계보다 더 작은 물체를 구분하기 위해서는 레이저, 고감도 카메라, 고성능 컴퓨터가 필요하다. 그래서 이론적인 한계를 넘어서는 데 100년 이상의 시간이 필요했다. 그리고 2005년 무렵 기존 현미경으로 관찰할 수 없었던 수십 나노미터 크기의 물체를 초고해상도현미경으로 관찰할 수 있었다. 현재까지 여러 방식의 초고해상도현미경이 개발되었는데, 여기서는 유도방출결핍현미경Stimulated emission depletion microscopy11, 단분자 국소화single-molecule localization를 이용한 광활성 국소화 현미경Photo-activated localization microscopy12, 확률 광학적 재구성 현미경stochastic optical reconstruction microscopy13을 간단히 소개한다. 이 기술들은 일반적으로 전체 명칭보다는 영어 약자로 불린다. 유도방출결핍현미경은 STED, 광활성 국소화 현미경은 PALM, 확률 광학적 재구성 현미경은 STORM이라고 부르며, 여기에서도 영어 약자로 부르기로 한다.

먼저 STED 현미경을 살펴보자. STED 현미경은 생체 시료를 관찰하기 위한 광원으로 발광다이오드나 레이저를 사용한다. 광원이 광원 장비에서 방출될 때의 크기가 이미 회절 한계를 넘는 수백 마이크로미터 수준이다. 날이 무딘 칼을 이용해서는 날카롭게 자를 수 없는 것처럼, 수백 마이크로미터 광원으로는 수십 나노미터 크기의 물체를 구분할 수 없다. STED 현미경은 주 광원의 크기를 줄이기 위해 도넛 모양의 보조 광원을 주 광원 주위에 감싸는 방법을 활용한다. 보조 광원의 크기를 점점 확대하면 그에 따라 주 광원의 크기가 회절 한계 이하로 줄어들어 수십 나노미터 크기의 물체를 구분할 수 있다.

다음으로 살펴볼 PALM 현미경과 STORM 현미경은 먼저 단분자 국소화 방법을 이해해야 한다. 영상을 얻고자 하는 목표물에 형광단백질 또는 형광염료를 표지한다. 신호 대 잡음비가 높은 관측장비로 이 시료를 관찰하면 단분자에서 방출되는 형광 신호를 검출할 수 있다. 카메라에 검출된 이 신호를 수학적인 계산을 통해 신호 세기가 가장 큰 위치를 국소화해서 결정하는 것이다. 카메라에 검출된 신호는 회절 한계를 넘는 크기이지만, 국소화한 점 하나는 이상적으로 크기가 0이다. 물론 모니터에서 하나의 점은 0이 아니라 크기를 갖는다. 단분자 국소화 방법은 이 과정을 반복해서 점을 계속 찍는 것이다. 카메라에서 얻은 한 장의 영상을 분석해서 점을 찾고, 수천 장에서 수만 장의 영상을 분석해서 얻은 모든 점을 한 장의 영상으로 합치면 초고해상도 영상을 얻을 수 있다.

광활성 국소화 현미경인 PALM과 확률 광학적 재구성 현미경인 STORM 모두 단분자 국소화 방법을 활용한다. 다만 PALM은 생체 시료에 표지하는 형광물질로 형광단백질을 이용하고, STORM은 형광염료를 사용한다는 차이가 있다. 형광단백질은 목표로 하는 단백질에 결합해 발현되기 때문에, 비특이적 결합non-specific binding이 적어 목표 단백질에서만 깔끔하게 신호를 얻을 수 있다는 장점이 있다. 또 살아 있는 생체 시료를 관찰할 수도 있다. 하지만 형광단백질에서 방출되는 신호가 약하다는 단점도 있다. STORM에서 사용되는 형광염료는 형광단백질에서 방출되는 신호보다 방출 신호가 강하지만, 면역형광염색법을 이용하기 때문에 비특이적 결합을 피할 수 없다. 살아 있는 시료에 형광염료를 직접 결합하기 어렵다는 단점도 있다. 실험 목적에 따라 형광단백질을 사용할 것인지, 형광염료를 사용할 것인지를 결정해야 한다.

초고해상도현미경이 수십 나노미터 크기의 미세 구조를 구분할 수 있다면, 이미 활용되고 있는 전자현미경과 어떤 차이가 있는지 궁금할 수 있다. 전자현미경은 수 나노미터, 최근에는 수 옹스트롬 크기의 물체를 구분할 수 있을 정도로 발전했다. 전자현미경은 전자를 생체 시료에 입사한 다음 시료를 투과하거나 반사되는 전자를 검출하여 구조와 모양만 알 수 있다. 전자현미경으로 얻은 영상은 흑백이다.

반면 초고해상도현미경은 광원을 시료에 입사한 후, 시료에 있는 형광물질에서 나오는 신호를 검출한다. 여러 파장의 영상을 동시에, 또는 순차적으로 얻어 다중 색상 영상을 얻을 수 있는데, 여러 단백질이 어떻게 분포되어 있는지, 밀도는 어떠한지 등의 정보를 알 수 있다. 초고해상도현미경은 전자현미경으로는 할 수 없는 살아 있는 생체 시료를 대상으로 실험할 수 있다는 장점도 있다. 최근에는 초고해상도현미경과 전자현미경의 장점을 살려서 두 현미경을 융합하는 연구도 수행되고 있다.

마지막으로 현미경의 핵심 부품인 대물렌즈의 성능을 결정짓는 두 가지 중요한 요소를 잠깐 살펴보겠다. 하나는 작동거리로, 렌즈와 관찰 대상 사이의 거리를 의미한다. 다른 하나는 개구수로, 렌즈가 빛을 모을 수 있는 능력을 나타내는 수치다. 개구수는 렌즈의 초점 거리와 유효 구경의 관계를 나타내며, 값이 클수록 더 많은 빛을 모아 더 높은 해상도를 얻는다. 따라서 작동거리가 길면서 개구수도 큰 대물렌즈가 이상적이지만, 작동거리를 늘리면 개구수가 감소하고 개구수를 늘리면 작동거리가 줄어든다는 반비례 관계가 있다. 이는 물리적, 광학적 제약 때문이다. 그래서 연구자들은 자신의 실험 목적에 따라 작동거리와 개구수를 적절히 선택해야 한다.

지금까지 초고해상도현미경의 원리와 그것으로 새롭게 알아낸 과학 지식을 살펴보았다. 그래도 여전히 남은 질문이 있다. 초고해상도현미경으로 우리는 무엇을 할 수 있을까? 암 조직을 검사하는 데는 일반적인 광학현미경으로도 충분한 데다, 최근에는 조직 분석도 자동화가 많이 진전되었다. 반면 초고해상도현미경을 직접 제작하려면 수억 원이 필요하고, 현미경 회사에서 판매하고 있는 완성품을 구입하려면 그보다 많은 돈이 든다. 하지만 초고해상도현미경의 가치는 그 이상이라고 생각한다.

초고해상도현미경을 이용해 회절 한계보다 작은 수십 나노미터 크기의 생체 물질을 발견했고, 지금도 이 장비의 성능을 높여서 새로운 현상을 관찰했다는 논문이 발표되고 있다. 무엇보다 그 쓸모는 인간을 이해하는 데 있다. 인간 뇌의 작용을 자세히 들여다보면서 뇌 발달을 이해하고 뇌 질환을 치료하는 데 초고해상도현미경을 사용할 수 있다. 암을 조기에 간편한 방식으로 진단할 수 있는 분자 기반 진단 키트에도 활용될 수 있다. 생물물리학자는 초고해상도현미경을 이용해 인체에 대한 과학인 인체생물학human biology에 기여하고 있다.

2장

분자 한 개를
잡을 수 있다고?

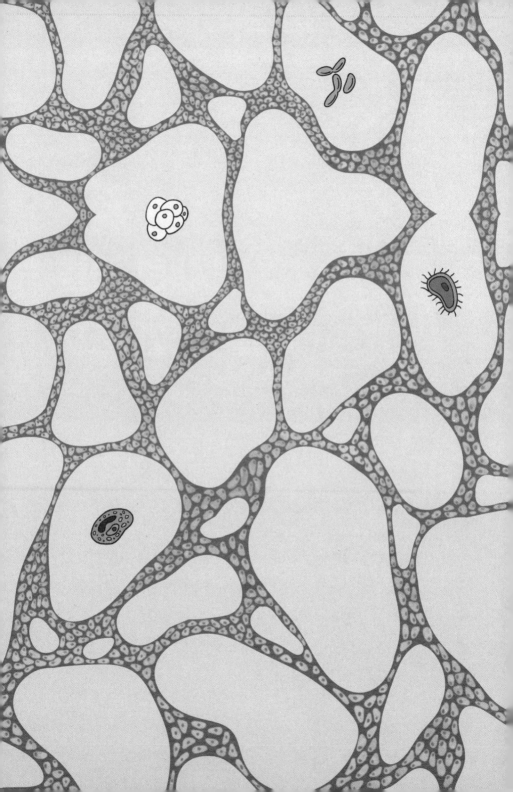

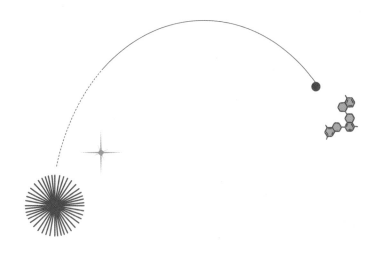

    물리학자들이 개수를 세는 법이라는 유머가 있다. 한 개, 두 개,
그리고 무한히 많음. 물리학자는 물체 하나 또는 둘이 운동할 때는
이 움직임을 방정식으로 표현해서 알고 싶은 변수를 찾아낼 수 있
다. 반면 세 물체가 상호작용하는 경우에는 운동의 일반해를 구할
수 없다. 여기서 일반해가 없다는 말은 모든 초기 조건에 대해 미래
의 위치와 속도를 정확히 계산하는 수학 공식이 없다는 뜻이다. 이
것이 여러 콘텐츠로 제작되어 유명해진 삼체문제three-body problem로,
세 물체 간의 운동을 다루는 고전역학의 문제다. 물리학에서는 에
너지보존법칙과 엔트로피를 비롯해 고속도로 차량 흐름과 주식 시
장의 변동에 이르기까지, 세 개 이상의 물체를 다룰 때는 통계역학
을 사용한다.

한편 물리학에서는 복잡한 문제를 풀 때 문제를 단순화한 뒤 수학을 써서 이론과 모델을 만드는데, 이렇게 도출된 이론에 근거해서 변수를 줄이면서 시스템을 단순하게 변환한다. 물리학자의 책이나 강연에서 '단순한 시스템simple system'이라는 단어가 종종 등장하는 건 그래서다.

반면 생물학자는 생명체가 복잡한 시스템이라는 사실을 있는

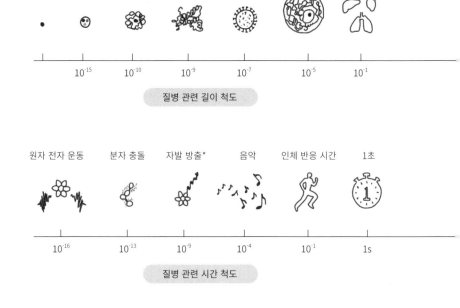

* 전자가 들뜬에너지 준위에 잠시 머무르다가 원래의 낮은 준위로 돌아가면서 광자를 방출하는 현상을 말하며, 외부의 자극이나 영향 없이 자발적으로 일어나는 현상이다.

그대로 받아들인다. 생명현상은 복잡한 만큼 변수가 많다. 그래서 생물학자는 실험군과 대조군을 비교하는 실험을 자주 한다. 그러기 위해 유전적으로 단순하면서, 생식 주기가 짧고, 크기가 작아서 다루기 쉬운 모델 생물을 연구에 주로 사용한다.

생물물리학자는 물리학자와 생물학자의 접근 방식을 모두 받아들인다. 우선 생명체가 복잡하다는 걸 인정한다. 질병, 수명, 먹이

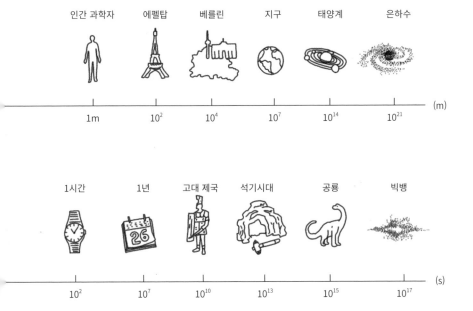

그림 2-1 우주의 길이와 시간.
질병과 관련된 길이 범위는 대략 양성자부터 인체까지이고, 질병의 시간 범위는
분자가 상호작용하는 시간부터 인간의 수명까지다. 이 중에서 단분자 생물물리학은
짧은 시간과 길이에 해당하는 범위를 다룬다.

탐색이나 짝짓기 등의 의사결정 등 대표적인 생물학의 질문은 복잡한 여러 변수가 상호작용한 결과다. 한편 생명현상을 최대한 엄밀하고 정확하게 측정하기 위해 도구를 만들고, 데이터에서 더 많은 정보를 캐내기 위해 고심한다. 다만 물리학 분야에서 사용되는 시스템 단순화가 생물물리학에서는 자주 활용되지 않는다.

그림 2-1은 우주와 질병의 시간과 길이를 표시한 척도다. 길이 축에서 보면 로그 단위로 환산했을 때, 인간(1미터)은 우주의 가장 작은 물질과 가장 큰 구조 사이의 중간 정도에 해당한다. 시간 축에서 보면 우리가 편안하게 인식할 수 있는 단위를 1초라고 할 수 있다. 그러면 우주는 약 138억 년(10^{17}초) 정도 되었다. 생화학 반응의 기초가 되는 전자 운동은 1펨토초(10^{-16}초)가 걸린다. 질병과 관련된 길이 범위는 대략 양성자부터 인체까지이고, 시간 범위는 분자가 상호작용하는 시간부터 인간 수명까지다. 생물물리학자들이 연구하는 길이와 시간은 대략 질병과 관련된 범위에 있다. 이처럼 생물물리학은 질병의 시간과 길이 범위에서 생명 상수를 알아내는 학문이기도 하다.

물리학자는 세상의 근본 물질을 찾는 데 관심이 있다. 19세기에 돌턴이 원자설을 주장한 후로 21세기에 입자 가속기로 힉스 입자를 발견하기까지, 세상에서 가장 작은 물질은 언제나 물리학자의 머릿속에 있다. 물리학자뿐만 아니라 생물학자들도 마찬가지여서 무엇이 생명의 가장 작은 단위인지 찾으려 한다. 세포가 생명의 기본 단위라는 주장이 여전히 주된 흐름이지만, 요즘에는 세포를 구성하는 물질인 단백질, RNA, DNA를 생명체의 단위로 봐야 한다는 주장도 힘을 얻고 있다. 생명 정보가 DNA에서 RNA로, RNA에서 단백질로 전달된다는 중심 원리central dogma 덕분이다. 하지만 최근에는 생명 정보가 한 방향으로만 전달되지는 않으며, DNA, RNA, 단백질을 포함한 여러 생체 물질이 네트워크를 이뤄 작동한다고 본다.

물리학에서는 원자보다 작은 힉스나 쿼크부터 광대한 우주까지 다룬다면, 생물학은 원자부터 지구까지만 관심을 가진다. 물론 우주에서 생명체를 찾기도 하고 지구 대기권에서 생물학을 연구하는 우주생물학이 있긴 하지만, 기본적으로 지구를 중심으로 생명을 다룬다. 그래서 생물물리학도 생물학과 비슷한 크기의 물질에 관심을 가지는데, 일반적으로 분자, 세포, 조직, 개체, 생명체 집단이 주요 연구 단위다. 최근에는 생명현상을 원자 이하의 크기에서 양자역학으로 설명하려는 양자생물학이 등장하기도 했다. 하지만 대부분의 생명 과정이 분자의 화학 반응을 거쳐 진행된다는 점을 고려하면, 분자 단위에서 연구하는 것이 최근 분자생물학, 생화학, 생물물리학의 추세다. 원자 이하의 크기에서 작동하는 양자역학으로 생명체 내부를 들여다보는 연구는 아직 생명과학과 생물물리학에서 핵심 주제는 아니다. 그래서 이 책에서는 분자 크기에서의 생명현상을 다룬다.

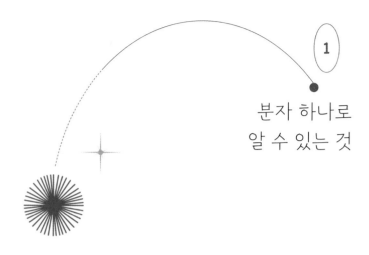

분자 하나로
알 수 있는 것

원자의 개수를 세기도 어렵지만, 분자의 개수를 세는 것도 어렵기는 마찬가지다. 분자 개수를 셀 때 기준이 되는 아보가드로 수는 6.02×10^{23}인데, 물질을 구성하는 입자의 개수가 아보가드로 수만큼 있을 때의 양을 1몰mole이라고 부르며 화학 분석의 기본 단위다. 이렇게 큰 수에서 하나의 분자를 잡아서 연구하는 분야를 단분자 생물물리학single-molecule biophysics이라고 부른다.

분자 하나의 운동을 관찰하는 단분자 생물물리학은 두 분자 생물물리학으로 확장될 수 있다. 두 개의 분자가 10나노미터보다 가깝게 수 나노미터 정도 떨어져 있으면 두 분자 사이에서 에너지가 공명을 통해 전달될 수 있다. 이렇게 빛에 민감한 분자 사이에서 에너지가 이동하는 현상을 형광공명에너지전달이라고 한다. 살아 있는 세포에서 단백질 간의 상호작용을 관찰하는 데 유용한 현상이다. 에너지 전달 과정은 세 분자 이상으로 확장될 수 있지만, 실제 관측 장비의 성능을 고려해 대체로 세 분자 사이의 에너지 전달까지만 관찰한다.

레이저가 1번 분자에 에너지를 가하면 수 나노미터 떨어진 2번 분자에 1번 분자의 에너지가 전달되고, 2번 분자에서 3번 분자로 에너지가 전달된다. 이 과정에서 세 분자에 에너지가 전달되는 시간과 거리를 측정할 수 있고, 측정한 시간과 거리를 바탕으로 DNA 이중나선이 풀렸다가 다시 꼬이는 과정이나 단백질 구조가 변화하는 과정을 알 수도 있다.

단분자 형광공명에너지전달 현상을 이용해 DNA 복구 과정을 연구하기도 한다. DNA를 합성하는 단백질인 DNA 중합효소에 1번 형광 분자를 부착하고 DNA 한쪽에 2번 형광 분자를 부착한 후 레이저로 1번 형광 분자에 에너지를 가한다면, 1번 분자와 2번 분자의 거리가 약 10나노미터보다 가까우면 에너지가 전달된다. 이때 1번 분자에서 2번 분자로 에너지가 전달되는 과정에서 DNA 이중나선 구조가 풀렸다가 다시 구조를 형성하는 과정을 관찰할 수 있다. 한편 에너지 주는 쪽을 주개donor, 받는 쪽을 받개acceptor라고 하는데, DNA 한 가닥에 주개를 붙이고 다른 한 가닥에 받개를 붙여서 DNA가 풀리는 과정을 관찰할 경우 주개와 받개의 거리 변화에 따라 에너지 세기와 에너지 변화 시간이 달라진다. 에너지 세기와 변화 시간을 측정하면 주개와 받개의 상호작용을 알아낼 수 있다. 이처럼 형광공명에너지전달은 수 나노미터 거리에 있는 물질이 운동하는 시간과 거리를 측정할 수 있어서, 많은 생물물리학자가 이 방법을 이용해 생명현상을 연구하고 있다.

지금처럼 분자의 운동을 하나씩 관찰하기 전에는 여러 분자가 모인 상태의 운동만 알 수 있었다. 분자의 운동을 집합으로 다루는 경우를 앙상블ensemble이라고 한다. 물론 개별 분자의 운동을 관찰하면 생명현상을 더 자세히 알 수 있다. 예를 들어 요즘 암의 종류와 환자에 맞춰 치료하는 정밀 의학이 주목받는데, 환자마다 유전자 서열이 달라서 특정한 암 치료제에 거부반응을 일으킬 수도 있고, 효과가 다를 수도 있다. 그래서 환자의 유전자 서열을 분석해서 적합한 치료제를 추천하거나 부작용이 예상되는 약은 배제하기도 한다. 치료제 중에는 DNA, RNA, 단백질로 이어지는 정보 전달 과정을 막거나 과발현하는 방식으로 작용하는 것이 많아서, 개별 분자의 운동을 안다면 환자 맞춤형 치료제 개발에 도움이 된다.

생물물리학이 단분자 운동을 관찰하기 위해 개발한 것이 광족집게와 단분자 형광공명에너지전달 기술이다. 광족집게는 분자에 힘을 줄 수도 있고, 외부에서 가해지는 힘을 측정할 수 있는 기술이다. 1970년 아서 애시킨Arthur Ashkin은 이 기술을 개발해 《미국물리학회지Physical Review Letters》에 발표했다.[1] 레이저를 이용해 수 마이크로미터 크기의 구형 물체(머리카락의 대략 100분의 1 크기)를 이동한 것이다.2 또한 이 기술은 생체 분자의 움직임을 관찰하는 데 사용되기도 했다. 1993년 스티븐 블록Steven M. Block 연구팀은 광족집게를 사용해서 분자 모터molecular motor인 키네신kinesin이 미세소관을 따라 이동하는 과정을 측정해서《네이처》에 발표했다.3

분자 모터는 생명체의 운동에 필수적인 생물학적 분자 기계를 가리키며, 그 일종인 키네신은 운동단백질의 하나로 진핵세포에서 발견된다. 키네신은 아데노신 3인산ATP 가수분해 효소로 근육에 필요한 에너지를 공급받아 진핵세포의 골격을 구성하는 구조단백질인 미세소관 위를 이동한다. 세포에는 세포의 이동이나 분열, 근육의 수축과 이완에서 중요한 역할을 하는 액틴 같은 미세 구조들이 있어서 세포 내 물질이 전달되는 경로가 된다. 이런 미세 구조들은 세포 안의 도로와 같아서, 전달 물질과 결합된 단백질이 도로를 따라 이동한다. 미세소관에서는 키네신과 미세소관을 움직이는 동력이 되는 디네인dynein이 이동하고, 액틴에서는 근육단백질의 일종인 미오신myosin이 이동하며 생체 내에서 물질을 전달한다.

광족집게가 개발되기 전에도 이런 단백질이 물질을 전달한다는 사실은 알려져 있었지만, 물질 전달 과정이 실제로 어떻게 이뤄지는지는 몰랐다. 그러다가 1993년에 블록 연구팀이 미세소관을 따라 키네신이 8나노미터 간격으로 이동한다는 과정을 밝혔던 것이다.4 이후로 비슷한 기능을 하는 다른 단백질을 분석하는 연구가 수행되었다. 2010년 안도 도시오安藤敏夫 연구팀은 나노미터 크기의 탐침으로 시료 표면을 스캔하면서 원자력, 전기력, 자기력을 측정하는 원자힘현미경을 이용해, 미오신이 액틴 필라멘트를 따라 이동하는 모습을 고속으로 찍은 결과를《네이처》에 발표했다.5 2015년에는 스탠 버지스Stan A. Burgess 연구팀이 디네인 단백질이 미세소관을 따라 이동하는 모습을 초저온전자현미경으로 찍어 발표했다.6

이처럼 광족집게를 이용해 단백질의 운동을 측정할 수 있음이 알려지면서, 원자힘현미경, 초저온 전자현미경, 초고해상도 현미경을 이용해 이런 기능을 담당하는 단백질을 정밀히 관찰하게 되었다.

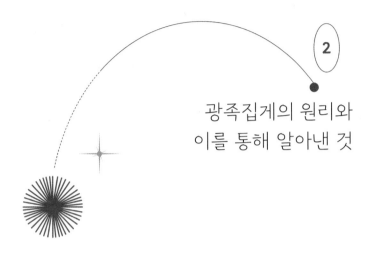

광족집게의 원리와
이를 통해 알아낸 것

빛은 전자기파의 일종으로, 전기장과 자기장이 같은 위상으로 진동하며 진행하는 횡파다. 전자기파는 파장에 따라 분류되는데, 전파, 라디오파, 마이크로파, 적외선, 가시광선, 자외선, 엑스선, 감마선 등이 있다. 보통 가시광선은 약 380~780나노미터 범위의 파장을 지닌다. 빛의 파장과 진동수는 반비례해서, 파장이 짧을수록 진동수가 높아진다. 그리고 빛에너지는 파장에 반비례하고 진동수에 비례한다. 그래서 파장이 짧을수록(진동수가 높을수록) 빛에너지가 크다. 가시광선의 경우 파란색 빛이 빨간색 빛보다 파장이 짧고 에너지가 더 크다. 한편 자외선, 엑스선, 감마선으로 갈수록 파장이 더욱 짧아지고 에너지는 더 커진다. 결국 파장에 따라 빛에너지가 달라지고 물질과의 상호작용도 달라진다.

생물물리학자들은 관찰하려는 시료와 도구에 따라 빛의 파장과 에너지를 조절하면서 생명현상을 연구한다. 광족집게는 빛을 이용해 분자 하나를 포획하는 기술이라고 했는데, 그 원리는 다음과 같다. 레이저 빔이 투명한 입자를 통과할 때 빛이 굴절되면서 입자에 힘이 가해지는데, 빛의 진행 방향으로 작용하는 산란력scattering

1 레이저 빔에 의해 작고 투명한 구형 물체가 움직인다.

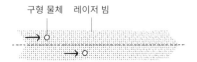

2 경도력이 구형 물체를 빔의 중심, 즉 빛이 가장 강한 곳으로 밀어낸다. 이는 레이저 빔의 세기가 바깥쪽으로 갈수록 감소하기 때문이다. 모든 힘을 고려한 합력에 의해 구형 물체가 중심으로 이동한다.

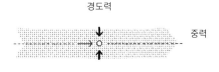

3 레이저 빔을 위로 향하게 하면, 레이저 빔에 의해 물체를 위로 밀어 올리는 복사압radiation pressure과 물체가 아래로 떨어지는 중력이 상쇄되어 물체가 공중에 뜬다.

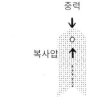

4. 렌즈를 이용해 레이저 빔을 초점에 모으면 입자를 포획할 수 있다.

그림 2-2 광족집게의 원리

force과 빛의 세기가 가장 강한 곳으로 작용하는 경도력gradient force 이 그것이다. 이때 고배율 대물렌즈를 이용해 레이저 빔을 집중시키면, 경도력이 산란력보다 커지면서 하나의 분자를 포획할 수 있다. 그래서 광족집게를 이용하면 수 나노미터 크기의 분자부터 바이러스, 박테리아, 세포 등에 이르기까지 손상 없이 포획하고 조작할 수 있다.

광족집게가 개발된 후로, 앞서 설명한 분자 모터의 이동 거리와 시간을 측정하는 연구가 수행되었고, DNA 염기쌍 간의 간격도 알아냈다. 1953년 제임스 왓슨과 프랜시스 크릭은 《네이처》에 DNA의 이중나선 구조를 발견했다는 논문을 발표했고, 엑스선의 회절 현상을 이용하여 구조를 조사하는 엑스선결정학으로 얻은 실험 데이터를 분석한 결과 이웃한 염기쌍 사이의 간격은 3.4옹스트롬이라고 밝혔다. 이후로 3.4옹스트롬 또는 0.34나노미터는 생명현상을 푸는 숫자가 되었다.[7] 이 값은 광족집게로 다시 한번 검증되었다. 2005년 스티븐 블록의 연구팀은 광족집게 기술로 이웃한 DNA 두 염기쌍 사이의 간격이 3.7±0.6옹스트롬이라는 값을 얻었다.[8]

3

두 분자가 수 나노미터
거리에 있을 때,
단분자 형광공명에너지전달

1959년 12월 29일, 캘리포니아공과대학CALTEC에서 열린 미국 물리학회 연례회의에서 한 리처드 파인만의 강연은 형광공명에너지 전달을 소개하는 데 딱 들어맞는다. 파인만은 '바닥에는 풍부한 공간이 있다There's Plenty of Room at the Bottom'라는 제목의 강연에서 소형화miniaturization가 불러올 가능성을 제안했는데, 특히 생물물리학자에게 호소력 있는 구절이 있다.

"생물학의 기본 질문에는 간단한 해답이 있다. 단지 보면 된다! 사슬 구조에서 염기서열을 관찰하면 된다. 마이크로로솜microsome의 구조를 보면 된다. 안타깝게도 지금 현미경으로는 다소 큰 규모의 것들만 볼 수 있다. 현미경의 배율이 지금보다 100배 증가하면 생물학의 많은 문제가 쉬워질 것이다."9

파인만의 강연은 DNA 이중나선 논문이 발표되고 6년 후에 열렸다. 왓슨과 크릭이 케임브리지대학교의 물리학 연구소인 캐번디시연구소Cavendish Laboratory에서 DNA 구조를 발견했다는 점을 고려하면, 이 결과는 물리학자가 생물학에서 크게 기여했다는 것을 의미한다. 에르빈 슈뢰딩거가 1944년에 출간한 《생명이란 무엇인가》를 읽고서 물리학에서 생물학으로 건너왔던 물리학자들의 영향이 컸다. 그 책이 나오고 15년이 지났을 때 파인만은 다시 한번 물리학이 생물학 발전에 기여할 수 있다고 말했다.

앞에서 살펴보았지만, 형광공명에너지전달은 형광 분자가 들뜬 상태에서 바닥으로 떨어지면서 방출하는 형광 신호로부터 생명현상을 관찰한다. 두 형광 분자 사이에서 이뤄지는 에너지 전달을 관찰하려면 슬라이드글라스나 커버글라스 위에 시료를 올려놓아야 하는데, 이때 시료의 높이는 수백 나노미터 수준이다. 파인만의 말처럼 바닥에서 생명현상을 관찰하는 셈이다.

단분자 형광공명에너지전달은 두 형광 분자가 2~9나노미터 정도로 가까이 있을 때 광원에 의해 에너지가 전달되는 원리를 이용한다. 주개와 받개가 10나노미터 이상 떨어져 있을 때 주개를 들뜬 상태로 만드는 파장의 광원을 입사하면, 주개만 들뜬 상태가 되고 받개는 영향을 받지 않는다. 주개의 에너지가 바닥 상태로 떨어지면서 형광 신호를 방출해도 10나노미터 이상 떨어져 있는 받개에서는 형광 신호가 거의 방출되지 않는다. 만약 주개와 받개를 화학반응이나 다른 외력으로 수 나노미터 수준으로 가깝게 하면 주개를 들뜬 상태로 만들었던 에너지가 받개로 전달되어 주개에서 방출되는 형광 신호가 약해지고 받개에서 강한 형광 신호가 방출된다.

이때 주개에서 방출되는 형광 신호와 받개에서 방출되는 형광 신호의 파장이 다르기 때문에 어떤 파장에서 신호가 약하거나 강한지 측정하여 생명현상을 연구한다. 에너지의 세기는 주개와 받개의 거리에 따라 달라지므로 에너지의 세기를 측정해서 거리를 측정할 수 있고, 에너지가 변하는 시간도 잴 수 있다.

에너지 세기와 거리 사이의 관계를 수식으로 표현하면 다음과 같다. E는 형광공명에너지전달에서의 에너지 전달 효율, R은 형광염료 사이의 거리, R_0는 E=0.5일 때, 즉 에너지 전달 효율이 50퍼센트일 때 분자 간 거리를 의미하는 푀르스터 반경Förster radius이다.

$$E = \frac{1}{1 + \left(\dfrac{R}{R_0}\right)^6}$$

여기서 중요한 것은 두 분자 사이에 에너지 전달이 얼마나 일어났는지 측정하는 일이다. 푀르스터 반경은 보통 1~10나노미터 범위에 있으며, 형광공명에너지전달은 다른 말로 푀르스터 공명에너지전달이라고 부른다.

단분자 형광공명에너지전달 현상을 처음으로 관찰한 결과는

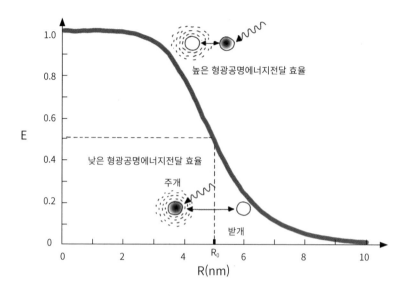

그림 2-3 단분자 형광공명에너지전달의 원리.
이 그래프는 두 형광 분자 사이의 거리(R)와 형광공명에너지전달 효율(E)의 관계를 보여준다.
R_0은 형광공명에너지전달 효율이 0.5인 지점의 거리다. 두 형광 분자가 가까워질수록 효율이
높아지고, 멀어질수록 효율이 낮아진다. 주개는 입사광에 의해 형광 신호를 방출하거나
근처에 있는 받개로 에너지를 전달한다.

1996년 시몬 와이스Shimon Weiss 연구팀의 논문에서 처음 발표되었
다.10 연구팀은 빛의 회절 현상으로 인한 해상도 한계를 극복하여
고해상도로 확대해 보여주는 근접장 주사광학현미경near-field scanning
optical microscope, NSOM을 이용해 주개와 받개 사이에 일어나는 에너
지 전달 현상을 관찰했다. 이 현미경은 탐침을 시료에 근접시켜 광
학 신호를 측정하는 방식으로, 구멍이 작을수록 더 작은 물체까지

관찰할 수 있지만 구멍이 작아지면 측정하려는 광학 신호도 줄어들기 때문에 구멍을 무한히 작게 만들 수는 없다. 와이스 이전에는 앙상블 형광공명에너지전달로 여러 분자를 집합적으로 연구했다.

지금은 빛의 전반사 현상을 이용한 전반사 형광현미경total internal reflection fluorescence microscope으로 관찰하는 표면 고정surface immobilization 방식과 핀홀을 이용해 초점이 아닌 곳에서 오는 형광 신호를 차단하는 공초점 방식을 주로 이용한다. 표면 고정 방식은 분자를 표면에 고정해 관찰하는 것으로, 장시간 단분자를 추적하고 분자의 움직임을 연속적으로 관찰할 수 있다. 반면 분자를 표면에 고정하기 때문에 분자의 활성이 변할 수 있다. 공초점 방식은 용액 안에 떠다니는 분자를 관찰하는 것으로, 자유롭게 움직이는 분자를 관찰하기 때문에 실제 생명현상과 비슷한 조건에서 관찰할 수 있다. 반면 표면 고정 방식보다 배경 신호가 크기 때문에 신호 대비 잡음이 낮고, 분자가 자유롭게 움직이기 때문에 장시간 관찰하기 어렵다.

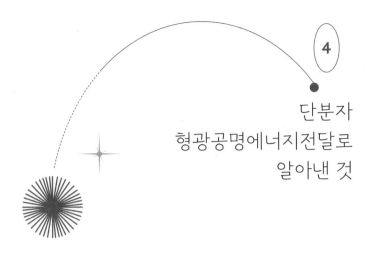

단분자
형광공명에너지전달로
알아낸 것

1996년 이후로 집합의 평균인 앙상블로만 관찰할 수 있었던 생명현상을 개별 분자 수준에서 알게 되었다. 이를 활용하여 DNA 이중나선을 푸는 헬리케이스helicase 단백질, DNA 복제와 복구 과정, 전사와 번역 과정, 효소의 기능, 분자 모터, 막 단백질, 단백질 접힘, RNA 접힘 등의 연구 주제가 등장했다.

분자 크기에서 관찰할 수 있는 생명현상은 수 나노미터 거리에서 수 밀리초 동안 일어나기 때문에, 형광공명에너지전달 기술은 실험 장치에서 DNA, RNA, 단백질이 어떻게 상호작용하는지 보여주는 고속 단분자 영상을 연구자들에게 제공한다. 연구자들은 이를 분석해서 결과를 얻는다.

그 전에도 미시 세계의 생명현상을 관찰하는 연구가 수행되었다. 대표적으로 핵자기공명이나 초저온전자현미경을 이용한 연구가 있지만, 이런 장비들은 생체 분자의 집합만 측정하거나 특정 순간만 '스냅사진'처럼 관찰할 수 있었다. 개별 분자가 상호작용하는 시간과 거리는 측정할 수 없었던 것이다. 개별 분자들의 운동, 즉 시간과 거리, 에너지 전달 효율을 측정할 수 있었던 것은 단분자 형광공명에너지전달 기술이 개발된 후다.

1996년 이후로 단분자 형광공명에너지전달을 활용한 연구가 여럿 발표되었다. 그림 2-4는 크로마틴 섬유chromatin fiber의 구조와 동역학을 연구한 결과로, 위쪽 그림은 초저온전자현미경과 엑스선결정학을 이용한 선행 연구에서 밝혀진 크로마틴 섬유의 구조 정보를 보여준다. 크로마틴은 염색체의 주성분으로, 호염기성 물질이라 염기성 색소로 염색되며 염색질chromatin이라고도 한다. 가운데 그림은 크로마틴의 세 위치 DA1, DA2, DA3에 형광염료를 붙여서 형광공명에너지전달 실험을 한 것으로, 전반사를 이용한 표면 고정 방식과 공초점 방식을 결합한 실험 장치를 이용한 결과다. 맨 아래쪽 그림은 실험에서 얻은 데이터를 분석해서 도출한 크로마틴 섬유 구조의 동역학 모델이다.

뉴클레오솜은 구조적으로 유연한데, 접힌 구조부터 접히지 않은 구조, 층이 없는 구조, 반 열린 구조, 열린 구조까지 다양하게 압축된 구조가 공존한다. 또한 레지스터 1과 레지스터 2로 표시된 두 종류의 층 쌓기stacking 방식이 존재한다. 이처럼 구조가 변할 때 걸리는 시간이 작게는 수백 마이크로초에서 크게는 수백 밀리초 범위에서 달라진다. 즉 빠르게 변하는 과정과 느리게 변하는 과정이 있다. 이런 개별 구조가 모여 전체적인 동적 앙상블을 형성한다. 결국 크로마틴 섬유는 단일하고 고정된 구조가 아니라 여러 구조의 집합체이며, 이는 유전자 조절 및 DNA 접근성 조절에 중요한 역할을 한다.

이처럼 형광공명에너지전달 기술을 이용하면 생체 분자의 구조적 동역학을 관찰하고 어떻게 변화하는지 이해할 수 있다. 특히 초저온전자현미경이나 엑스선결정학을 이용하는 구조생물학으로는 알기 어려웠던 구조 변화와 빠른 움직임을 연구할 수 있다. 구조생물학은 주로 단백질이나 핵산 등 생체 분자의 정적인 3차원 구조를 높은 해상도로 알아내는 데 관심이 있는 반면, 형광공명에너지전달은 동적인 구조 변화와 상호작용을 실시간으로 측정하는 데 초점을 맞춘다. 또한 구조생물학을 연구하는 방법인 엑스선 결정학, 핵자기공명, 초저온전자현미경은 대체로 고정된 상태의 분자 구조를 알아내는 데 집중하는 반면, 형광공명에너지전달은 용액 상태에서 분자의 움직임과 구조 변화를 나노미터 수준에서 측정할 수 있어서 생체 내 조건과 더 비슷한 환경에서 분자의 동적 특성을 연구할 수 있다.

생물물리학은 물리학과 생물학의 접근 방식을 결합한 학문이다. 물리학자가 복잡한 시스템을 단순화하여 수학적 모델을 만드는 반면, 생물학자는 생명체의 본질적 복잡성을 인정하고 실험적 비교

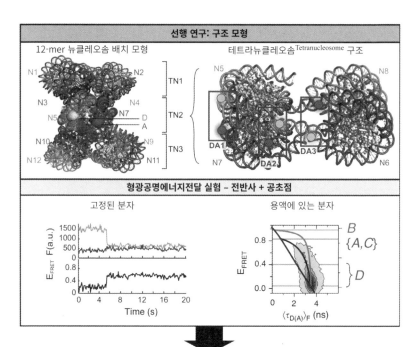

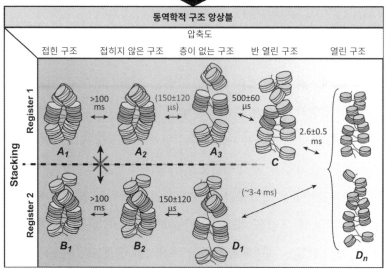

선행 연구: 구조 모형

12-mer 뉴클레오솜 배치 모형

테트라뉴클레오솜Tetranucleosome 구조

형광공명에너지전달 실험 – 전반사 + 공초점

고정된 분자

용액에 있는 분자

동역학적 구조 앙상블

압축도

접힌 구조 접히지 않은 구조 층이 없는 구조 반 열린 구조 열린 구조

그림 2-4

에 중점을 둔다. 생물물리학자들은 이 두 가지 접근법의 장점을 취한다. 그들은 생명 시스템의 복잡성을 인정하면서도, 측정 도구와 데이터 분석 방법을 개발해 이를 정량적으로 이해한다. 특히 질병과 관련된 시공간 척도에 초점을 맞추어, 분자 수준부터 인체 수준에 이르기까지 생명현상을 연구한다. 다시 말해 생물물리학은 생명의 본질적 복잡성을 인정하면서도 물리학의 정량적 엄밀성을 추구하는 학문이다.

3장

DNA 물리학

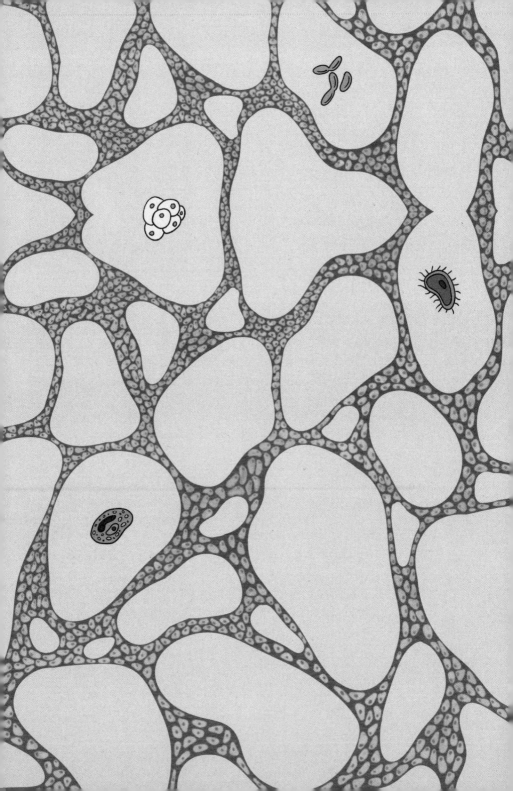

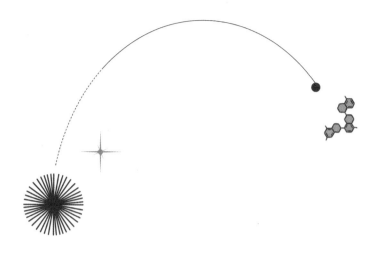

DNA 이중나선 구조는 1953년 제임스 왓슨과 프랜시스 크릭이 《네이처》에 발표한 논문으로 밝혀졌다.1 왓슨은 DNA 구조를 규명하기까지의 뒷이야기를 《이중나선》에서 자세히 풀어놓았다.2 이 책은 왓슨의 관점에서 기록되어 경쟁하던 연구 그룹과 동료 연구자를 편향되게 서술한 것으로 알려져 있다. 그러나 DNA 구조를 발견한 당사자가 쓴 책이라 지금도 중고등학생 필독서로 꼽히고 있다.

DNA에는 생명 정보가 담겨 있어서 고등학교에서도 생명과학 과목에서 DNA의 구조와 특성을 다룬다. 하지만 왓슨과 크릭이 DNA 구조 연구 결과를 발표할 당시에는 케임브리지대학교 물리학과 캐번디시연구소에 소속되어 있었다. 애초에 엑스레이 측정 장비를 이용하고 DNA 구조 모형을 만드는 작업은 물리학에 가까웠다.

DNA는 간결하면서도 규칙적인 구조를 이루고 있어서 그 물리적 특성을 알면 생명현상을 자세히 알 수 있다. DNA는 당−인산이 반복되면서 아데닌A, 티민T, 구아닌G, 시토신C의 네 염기가 결합한 구조다. 아데닌은 티민과 2중으로, 구아닌과 시토신은 3중으로 수소와 결합한다.

생물물리학자들은 DNA의 물리적 특성 중에 특히 DNA 길이와 탄성에 관심이 있다. DNA는 작은 핵 안에 꼬이고 말려 들어가 있어서 길이를 측정하기 어렵다. 하나의 염기쌍 간격은 0.34나노미터라고 하니 염기쌍 개수만 알면 DNA 길이를 쉽게 계산할 수 있을 것 같지만, 꼬이고 말려 있어서 염기쌍 개수를 안다고 해서 길이를 알기 어렵다. 그래서 생물물리학자들은 DNA 길이를 알아내기 위해 여러 모델을 제안했고, 또 다른 관심사였던 DNA가 꼬여 있는 힘을 측정하기 위해 자성 비드magnetic bead를 이용한 측정 장비를 개발했다.

생물물리학자들은 DNA에서 RNA가 합성되는 과정인 전사transcript를 수 밀리초 수준에서 측정하기도 한다. 전사 과정은 DNA의 유전정보를 RNA로 전달하는 과정이다. RNA 중합효소가 DNA에 결합해 이중나선을 풀고, DNA 한 가닥을 본떠 상보적인 RNA를 만든 뒤, 새 RNA가 분리되면 DNA는 다시 이중나선 구조로 돌아간다. 두 가닥의 DNA가 풀린 길이와 풀렸다가 다시 감기는 시간을 재며 DNA가 꼬여 있는 힘을 측정하는 것은 생물물리학의 연구 주제 중 하나다.

이런 연구들이 물리학자들의 호기심이기만 할까? 그렇지는 않다. DNA가 감겨 있는 뉴클레오솜을 기본 단위로 하는 염색질 chromatin에서 DNA가 풀려나는 시간과 염기 수에 따라 전사가 조절된다. DNA 염기쌍이 풀렸다가 다시 결합하는 과정을 통해 손상된 DNA가 복구되는 과정을 알 수 있다. 특히 암은 DNA가 손상되었다가 복구되지 않거나 원래 염기와는 다른 염기가 결합하면서 발병하는 경우가 많다는 연구 결과가 있어서 DNA 복구 과정을 들여다보는 것은 생물물리학의 주요한 연구 주제이기도 하다.3

생물물리학자들이 알아낸 DNA의 물리적 특성은 우선 DNA가 이중나선 구조를 가지고 있다는 것이다. 둘째로, DNA는 꼬이고 구부러질 수 있어서 세포핵 안에 압축될 수 있다. 셋째로, 음전하이기 때문에 다른 분자들과의 상호작용에 중요한 변수가 된다. DNA의 음전하는 이중나선 구조를 안정적으로 유지해주고, 양전하를 띤 단백질과 음전하의 DNA가 상호작용해서 DNA 복제, 전사 등의 과정이 진행되며, 음전하를 띤 DNA는 소수성인 세포막을 쉽게 통과하지 못한다.

또한 DNA 이중나선 구조는 녹는 온도melting temperature에서 두 가닥으로 분리된다. 구아닌-시토신 염기쌍(3중 수소결합)은 아데닌-티민 염기쌍(2중 수소결합)보다 강한 결합을 형성하므로, DNA에서 구아닌-시토신 염기쌍 비율이 높을수록 녹는 온도가 높아진다. 또한 DNA 길이가 길수록 녹는 온도가 높아진다. 그리고 DNA는 자외선을 흡수하는데, 이를 이용해 DNA의 농도를 측정할 수 있다. 마지막으로 DNA는 세포 내에서 더욱 압축된 형태를 취하는데, 이를 초나선 DNA^{supercoiled DNA}라고 한다. 이 장에서는 이런 DNA의 물리적 특성을 앞에서 설명한 광족집게, 단분자 형광공명에너지전달, 뒤에서 소개할 자기집게를 활용해 탐구한 결과를 소개한다.

DNA 염기 서열 정보는 생명의 시작이자, 유지 및 번식의 기초다. DNA의 물리적 특성은 생명현상을 조절하는 데 중요한 역할을 한다. 생물물리학은 이러한 물질의 물리적 특성과 생명현상 사이의 연관성에 주목한다.

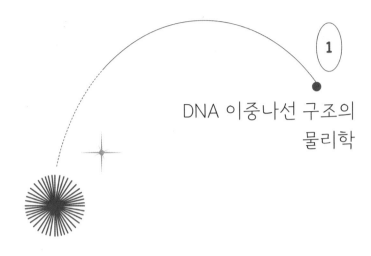

DNA 이중나선 구조의
물리학

염기쌍이 길지 않고 총량이 최소한이며 별다른 화학적 변형이 없다면, DNA 제작업체에 요청해 수십만 원이면 DNA를 만들 수 있다. 나도 생물물리학을 처음 접했을 때는 DNA를 합성할 수 있으리라고는 상상도 하지 못했다. DNA 염기 서열을 안다고 DNA를 만들 수 있으리라고는 미처 생각하지 못했던 것이다. 그저 생명체 안에서만 DNA를 얻을 수 있다고 생각했다.

1953년 4월 25일에 출판된 왓슨과 크릭의 첫 논문에는 DNA 이중나선의 간단한 스케치만 실려 있었다. 논문에 실린 그림 설명에도 이것은 순전히 다이어그램이라고 표현되어 있다. 이중나선을 설명하는 그림도 딱 한 개만 실려 있다. 이 논문이 발표된 지 한 달 뒤인 1953년 5월 30일 《네이처》에 실린 논문에서야 당−인산이 연결된 구조가 나온다. 당에 염기가 결합해 있고 DNA 한 가닥에 있는 염기끼리 결합해서 두 가닥의 DNA가 생성되는 것을 보여주는 그림도 실렸다.[4] 불과 한 달 간격으로 두 개의 논문을 출간했으므로, 첫 번째 논문을 급하게 마무리해서 발표했다고 추정할 수 있다.

1953년 4월 25일에 출간된 왓슨과 크릭의 첫 논문 바로 다음에는 윌킨스, 스토크스, 윌슨의 논문이 실려 있다.[5] 그 뒤에는 프랭클린과 고슬링의 논문이 실려 있다.[6] 세 편의 논문 모두 DNA 구조에

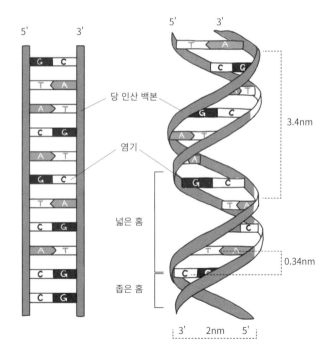

그림 3-1 DNA 이중나선 구조

관한 내용을 다루고 있다. 이런 식으로 관련 있는 논문들이 연달아 게재되는 것을 과학계에서는 백투백back-to-back이라고 부른다. 세 편의 논문 중에서 가장 많이 인용된 논문은 역시 왓슨과 크릭의 논문이다. 2024년 3월 31일 《네이처》 논문 웹사이트 기준으로 확인해보면 왓슨과 크릭의 논문이 8,640번 인용되었다. 윌킨스 연구팀의 논문은 645번, 프랭클린 연구팀의 논문은 804번 인용되었다. 역시 왓슨과 크릭의 첫 논문이 중요하다고 과학자사회에서 인정하고 있다고 볼 수 있다.

지금까지 알려진 DNA의 물리적 특성은 다음과 같다. 이중나선이 한 번 회전하는 거리는 3.4나노미터, 이중나선 폭은 2나노미터라고 알려져 있다. 염기쌍 간격이 0.34나노미터이므로 3염기쌍 간격은 약 1나노미터다. 이 숫자를 기억해두면 DNA 염기쌍과 길이를 계산하기 쉽다.

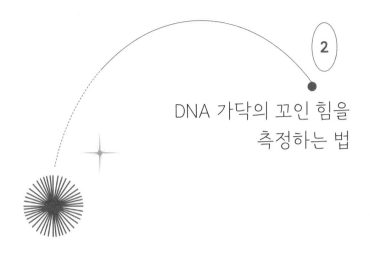

DNA 가닥의 꼬인 힘을
측정하는 법

생물물리학자들은 DNA 같은 생체 분자의 물리적 특성을 연구하기 위해 그 분자를 역학적으로 조작하기도 한다. 이런 조작을 통해 단분자 수준에서 물질의 특성을 알아내는 방법을 단분자 역학 분광법single-molecule force spectroscopy이라고 한다. 이는 광족집게, 원자힘현미경, 자기집게를 포함한다.

자기집게는 영구자석이나 전자석을 이용해 자기장을 만든 다음, 그 자기장 안에서 생체 물질에 부착된 자성 비드에 힘을 가해 생체 물질의 변화를 측정하는 기술이다. 1마이크로미터 크기의 자성 비드를 DNA 한쪽 끝에 부착하고 다른 끝을 슬라이드글라스나 커버글라스에 고정해서 시료를 만든 다음, 자석의 위치를 변화하거나 회전하면서 DNA의 탄성, 꼬인 힘, 길이 등을 측정한다.

DNA의 탄성이나 유연성 같은 물리적 특성은 DNA가 세포 내에서 어떻게 접히고 풀리는지를 이해하는 데 중요하다. DNA의 꼬임 상태는 유전자 발현과 DNA 복제에 영향을 미치며 RNA가 합성되는 전사 또는 DNA 복제 과정을 이해하는 데도 중요하다. 자기집게는 단백질과 DNA의 상호작용을 연구하는 데도 유용하다. 단백질은 DNA와 결합하면 구조가 변하는데, 자기집게를 이용하면 단백질과 DNA의 상호작용을 정밀하게 측정할 수 있다.

자기집게를 이용한 첫 연구는 1950년 크릭과 휴스가 발표한 논문으로 알려져 있다.7 두 사람은 자성 입자를 이용해 세포질cytoplasm의 물리적 특성을 연구했다. 1950년대까지만 해도 단분자를 측정하는 것은 불가능해 보였다. 양자역학의 파동방정식을 만든 슈뢰딩거조차 1952년 논문에서 단분자 측정이 어렵다고 여겼다.8

자기집게에는 크게 세 종류가 있다. 첫째, 두 자석의 극성을 반대로 배치해서 자기장이 N극에서 S극 방향으로 생성되도록 한다. 자성 비드는 높이 h만큼 떨어진 슬라이드글라스 위에 부착되어 있으며, 자기장에 수직인 방향(z 방향)으로 자기력을 받는다. 자기장의 기울기는 자성 비드에 작용하는 힘의 크기와 방향을 결정한다. 기울기를 조절하면 비드에 작용하는 힘을 조절해 다양한 실험 조건을 구현할 수 있다. 자기장의 기울기는 밀리미터 수준에서 천천히 변하기 때문에 나노미터 크기에서 분자 운동이 일어나는 동안 힘을 일정하게 가할 수 있다.

생명체의 주요 구성 원소인 탄소, 수소, 산소, 질소 등은 대부분 자성을 띠지 않는다. 생체 내 철과 같이 자성을 띨 수 있는 원소들도 대부분 이온 상태나 복합체 형태로 존재하기 때문에 강한 자성을 나타내지 않는다. 그래서 생체 시료 안에 원래부터 있던 물질은 자성을 갖지 않는다고 가정할 수 있다. 따라서 관찰하려는 생체 시료 물질에 자성 비드를 부착하고 자성 비드에 자석으로 자기장을 걸어주면서 DNA의 꼬인 힘 같은 물리량을 측정할 수 있다.

두 번째는 하나의 자석을 이용해 자성 비드에 자기장을 걸어주는 방법인데, 이 경우에 자기장 기울기는 자석을 두 개 사용하는 것보다 빠르게 감소한다. 세 번째는 자석 두 개를 회전해 자성 비드 역시 회전하도록 힘과 토크를 동시에 가하는 방법이다. 여기서 토크는 물체의 회전운동을 변화시키는 물리량이다. 많은 생체 분자는 세포 내에서 압축, 팽창, 회전, 병진 등의 운동을 하기 때문에 힘과 토크를 동시에 적용하면 생체 내 환경과 비슷한 조건을 만들 수 있다.9

자성 비드에 빛이 입사될 때 자성 비드에 의해 산란한 빛과 산란하지 않은 빛이 초점면에 도달한다. 이때 두 빛의 경로 차에 의해 간섭이 발생한다. 경로 차가 달라지면 간섭 무늬도 달라지므로 이 변화로 거리를 알 수 있다. 예를 들어 지름 1마이크로미터 크기의 자성 비드는 초점면에서 떨어진 거리에 따라 간섭 무늬가 달라진다. 대물렌즈가 초점면에서 멀어지면, 즉 대물렌즈와 커버글래스 사이의 거리(z값)가 0에서 3마이크로미터로 증가하면 자성 비드의 고리

패턴의 반지름이 증가한다. 또한 대물렌즈 위치에 따른 자성 비드의 모양을 이용하면 자성 비드가 대물렌즈와 커버글라스 사이(z 방향) 어느 위치에 있는지 알 수 있다.

실제 실험 전에 자성 비드의 영상으로 해당 z 방향 값을 얻는 작업을 눈금 매기기calibration라고 한다. 예를 들어 z=0에서 자성 비드 영상을 얻고 z 방향으로 1마이크로미터씩 이동하면서 연속해서 영상을 얻는다. 그러면 z 방향 높이와 영상 사이에 일대일대응 관계를 얻을 수 있다. 이제 실제 시료에서 얻은 영상을 이미 알고 있는 수직 방향인 z축 높이와 자성 비드 영상과 비교하면 실제 시료의 z 방향 높이를 알 수 있다.

그렇다면 z 방향 높이 정보를 통해 무엇을 알 수 있을까? DNA 한쪽 끝을 슬라이드글라스에 고정하고 다른 쪽 끝에 자성 비드를 붙인 다음, 이 시료 위에서 자기장을 걸어주고 당기면 자성 비드가 붙어 있는 쪽이 위로 올라온다. 이렇게 DNA를 수직으로 세운 상태에서 외부에서 힘을 주거나 자기장 세기를 변화하면서 DNA의 물리적 특성을 측정한다. 이 실험에서 알아낸 z 방향의 높이와 그 변화는 DNA의 물리적 정보로, 이것이 어떤 의미를 지니는지는 뒤에서 설명할 것이다.

한편 자기집게로 측정할 수 있는 z축 높이는 DNA가 꼬여 있는 상태를 직접적으로 반영한다. 예를 들어 DNA가 꼬일수록 분자의 전체 길이(z축 높이)가 줄어드는데, DNA가 꼬이면서 초나선 구조를 형성하기 때문이다. z축 높이와 DNA에 가해진 힘이나 회전수의 관계를 그래프로 나타내면, DNA의 탄성과 꼬임 정도를 알 수 있다. 또한 단백질−DNA 상호작용이 DNA 꼬임 상태에 미치는 영향을 z축 변화를 통해 알아낼 수 있다.

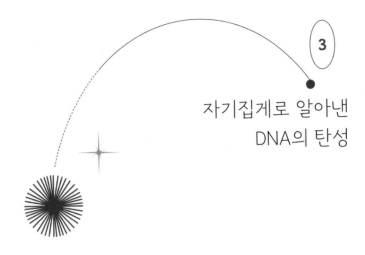

자기집게로 알아낸
DNA의 탄성

3

　자기집게를 이용해 DNA의 물리적 특성을 알아낸 결과를 살펴보자. DNA의 탄성은 DNA가 물리적 힘에 반응해 형태가 변형되거나 회복하는 특성을 뜻한다. DNA는 늘어났다가 원래 형태로 복원되거나, 이중나선이 비틀리거나 풀리거나, 굽혀졌다가 펴지거나 한다. DNA 복제 과정에서 헬리케이스가 이중나선을 풀 때 DNA의 탄성이 중요하며, RNA 중합효소가 DNA를 따라 이동하며 RNA를 합성하는 전사 과정도 DNA 탄성의 영향을 받는다.

　1996년 크로켓Croquette 연구팀이 《사이언스》에 발표한 논문은 꼬여 있는 DNA 분자의 탄성을 측정한 결과를 보여준다.[10] DNA 한쪽 끝은 커버글라스에 고정하고 다른 쪽 끝에 자성 비드를 붙인 후 그 위에 두 개의 자석을 설치해서 자성 비드에 힘을 가한다. 두 자석

(95)

은 2밀리미터만큼 떨어뜨리고 그 사이에 빛을 쪼여 자성 비드 영상을 얻는다. 자석은 생체 시료에 수직 방향으로 입사되는 방향인 광축을 중심으로 회전할 수 있어서 자성 비드에 연결된 DNA를 꼬았다가 풀 수 있다. 자석을 수직 방향(z 방향)으로 이동하면서 자성 비드에 가해지는 힘을 조절했고, 자성 비드 영상은 100배 대물렌즈로 얻었다.

크로켓의 연구팀은 이 실험 장치를 이용해 초나선 DNA의 탄성을 측정했다. DNA는 정상 상태보다 과도하게 꼬여 있거나 일부가 풀려서 덜 꼬여 있는 경우에 초나선 상태가 된다. 꼬여 있는 정도를 나타내는 변수를 초나선 꼬임도degree of supercoiling라고 하며 시그마σ로 표시한다. DNA가 과도하게 꼬여 있을 때 시그마는 0보다 크고(양성 초나선 꼬임), 덜 꼬여 있을 때는 0보다 작다(음성 초나선 꼬임).

실험 결과에 따르면, 양성 초나선 꼬임일 때 약 3피코뉴턴의 힘이 가해지면 초나선 DNA가 급격하게 변했다. 반면 음성 초나선 꼬임이면 약 0.45피코뉴턴의 힘이 가해질 때 급격하게 변했다. DNA가 음성 초나선으로 꼬여 있을 때 꼬인 구조가 더 쉽게 풀린다는 말이다. 진핵세포 생명체의 대부분은 음성 초나선 DNA 구조라서 적은 에너지만으로도 이중나선 가닥이 쉽게 풀린다. 이처럼 자기집게를 이용하면 DNA의 탄성을 측정해 DNA 복제와 전사를 이해할 수 있다. 최근에는 광족집게를 이용해 DNA 초나선 구조를 연구한 결과도 발표되었다.[11]

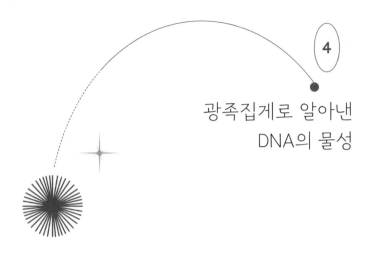

광족집게로 알아낸
DNA의 물성

생물물리학은 DNA의 길이를 측정하거나 이중나선을 이루면서 꼬여 있는 힘을 측정한다. DNA 길이는 경로 길이contour length와 지속 길이persistence length로 표현된다. 경로 길이는 꼬여 있는 DNA를 풀어서 늘렸을 때의 길이를, 지속 길이는 DNA가 꼬여 있는 상태 그대로의 길이를 뜻한다. DNA는 외부에서 힘을 가해 늘리지 않는다면 꼬여 있기 때문에 평소 DNA의 길이는 경로 길이보다 짧다. DNA가 꼬여 있는 이유는 DNA의 여러 분자 사이의 상호작용과 물리적 특성이 전체 에너지가 최소가 되는 최적화된 구조를 유지하기 위해서다.

1997년 스티븐 블록Steven M. Block 연구팀은 광족집게를 이용해 DNA의 꼬인 힘과 길이 관계를 측정했다. DNA 한쪽 끝을 RNA 중합효소와 결합해 커버글라스에 고정하고, 다른 쪽 끝에 비드를 붙이고 레이저로 비드를 포획한다. 이 상태에서 커버글라스를 높이에 수직인 z 방향으로 이동하면서 DNA의 꼬인 힘과 길이 사이의 관계를 알아냈다. DNA 분자에 가해지는 힘과 그에 따른 DNA의 길이 변화 사이의 관계는 DNA의 기계적 특성을 이해하는 데 중요하다. 이 기계적 특성은 DNA가 세포 내에서 다양한 기능을 수행하는 데 중요한 역할을 하는데, DNA의 접힘, 복제, 전사 등의 과정에 영향을 준다.

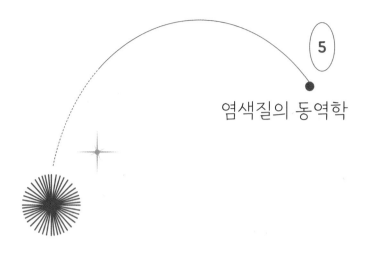

염색질의 동역학

DNA는 일반적으로 세포의 핵 안에서 이중나선이 아니라 실 같은 구조의 염색체로 존재한다. 사람의 DNA 한 개를 풀어서 펼치면 전체 길이가 약 2미터에 달한다. 이렇게 긴 DNA를 세포 안에 넣어서 안정적으로 유지하려면 감아서 보관해야 한다. 염색질은 염색체의 한 부분으로, 약 147염기쌍^{bp} 길이의 DNA가 히스톤 단백질을 약 1.7바퀴 감고 있는 뉴클레오솜을 기본 단위로 한다. 히스톤 단백질은 뉴클레오솜의 중심 단백질로 H2A, H2B, H3, H4의 네 종류 단백질이 두 개씩 모여 이루어진다. 뉴클레오솜의 히스톤 여덟 개가 하나의 단위를 이루는데, 이를 히스톤 팔량체라고 한다. 히스톤 단백질은 전사 과정에서 DNA와 결합한 상태에서 느슨해지면 DNA가 노출되어 RNA 중합효소가 결합하고 전사를 시작한다. 전사가 완료되

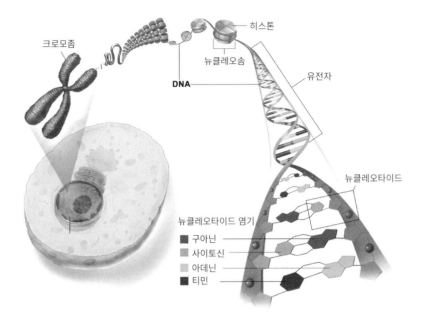

크로모좀

히스톤

뉴클레오솜

DNA

유전자

뉴클레오타이드

뉴클레오타이드 염기

■ 구아닌
■ 사이토신
□ 아데닌
■ 티민

그림 3-2 세포 안에 있는 DNA

면 히스톤은 다시 DNA와 결합해 뉴클레오솜 구조를 만든다.

이중나선 구조의 DNA가 염색체 형태로 압축되는 과정을 보면, 먼저 약 1센티미터의 DNA가 106개의 히스톤 팔량체에 감기는데, 뉴클레오솜이 결합한 이런 형태를 10나노미터 섬유[10nm-fibre]라고 부른다. 이것이 약 40배 더 응축된 구조가 30나노미터 섬유[30nm-fibre]로, 이것이 더 조밀하게 응축되어 염색체가 된다.

그렇다면 생물물리학자들은 염색질에서 어떤 동역학을 관찰했을까? 대표적인 연구 결과를 살펴보자. 2015년 일리노이대학교에서 생물물리학 연구를 수행한 하택집 연구팀은 뉴클레오솜 동역학을 규명해 《셀》에 논문을 발표했다. 이 논문은 DNA 유연성의 차이가 뉴클레오솜이 풀리는 방향을 결정한다는 것을 보여준다.12

광족집게와 단분자 형광공명에너지전달을 결합해 뉴클레오솜의 동역학을 관찰한 연구를 살펴보자. 뉴클레오솜에 감겨 있는 DNA의 한쪽 끝을 화학물질인 펙PEG으로 코팅한 슬라이드에 고정한다. DNA의 다른 한쪽에 비드를 붙이고 광족집게로 이 비드를 당겼다가 풀었다가 한다. 뉴클레오솜에 감겨 있는 DNA의 두 위치에 두 종류의 형광염료(빨간색과 녹색)를 붙이면 광족집게로 뉴클레오솜에 감겨 있는 DNA를 당기거나 풀 때 두 형광염료 사이에 형광공명에너지전달이 발생한다. 이 현상을 측정해서 뉴클레오솜에서 DNA 양쪽 끝이 풀리는 정도를 측정하는 것이다.

뉴클레오솜에 감긴 DNA에 광족집게로 힘을 가했을 때 양쪽 DNA의 유연성이 동일하다면 확률적으로 양쪽 끝이 동일하게 풀릴 것이다. 실험을 해보니 양쪽 DNA의 유연성이 달라서 유연성이 낮은 쪽의 DNA가 먼저 풀렸다. 이는 DNA에서 RNA가 합성되는 전사가 덜 유연한 DNA에서 시작된다는 뜻이다. DNA의 유연성이 낮은 쪽이 먼저 풀리기 때문에 RNA 중합효소가 그쪽에서 더 쉽게 접근할 수 있다. 또한 DNA의 덜 유연한 쪽에서 전사가 시작되면, 덜 유연한 쪽에서 더 유연한 쪽으로 진행되므로 전사 과정이 더 안정적으로 진행될 수 있다. 덜 유연한 쪽에서 전사가 시작되면 역방향으로 전사가 진행될 가능성도 줄어든다.

뉴클레오솜이 풀리는 방향은 염색질 구조에도 영향을 준다. 뉴클레오솜이 한쪽 방향으로 먼저 풀리면, 염색질 구조가 비대칭적으로 열린다. 그러면 특정 유전자 영역에 접근하기 쉬워진다. 또한 뉴클레오솜이 풀리는 방향에 따라 DNA 염기서열의 노출 순서가 결정된다. 이는 전사 인자나 다른 DNA 결합 단백질의 결합 순서와 효율성에 영향을 줄 수 있다.

지금까지 생물물리학에서 밝혀낸 DNA의 물리적 특성을 살펴보았다. 생물물리학자들은 광족집게, 자성집게, 단분자 형광공명에너지전달을 측정하는 도구를 이용해 생명 정보를 담고 있는 DNA의 물리적 특성을 측정했다. DNA의 물리적 특성들이 작용해 여러 생명현상이 조절되기 때문이다.

4장

DNA 복구 과정과
유전자 편집 기술

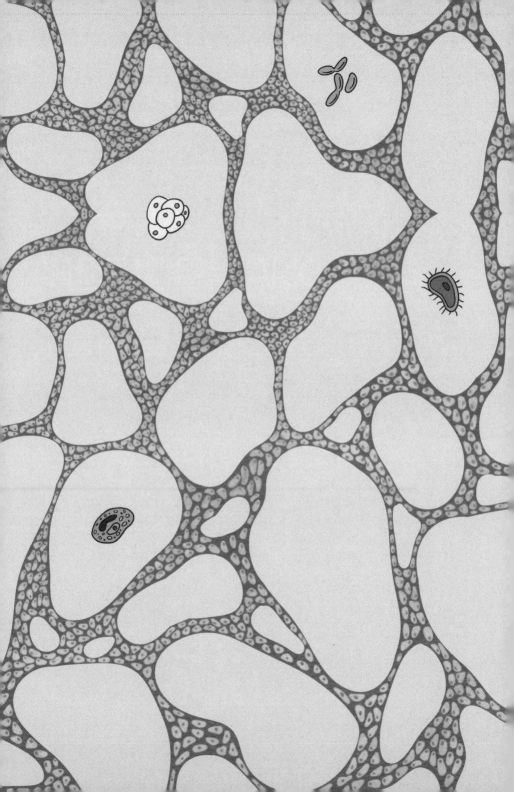

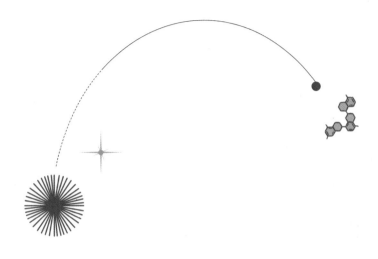

자신의 유전정보를 편집할 수 있다면? 누군가는 질병을 치료하고 싶을 테고, 어떤 사람은 똑똑해지고 싶을지도 모른다. 어쩌면 노화를 막고 젊어지는 데 사용할 것이다. 이 기술이 충분히 완성됐고 안전하다고 해도 상당한 비용 때문에 쉽게 접하지 못할 수도 있다. 그래도 유전자 편집 기술은 이런 상상을 자극하기 때문에 SF 영화와 소설에서 종종 다루곤 한다.

DNA를 재조합하는 연구는 DNA 이중나선 구조가 밝혀진 후에 진행되었다. 많은 사람이 이 연구에 관심을 가지기도 했지만, 우려의 목소리도 높았다. 당시 이 분야 연구자들은 1975년 미국 아실로마에 모여 DNA 재조합 연구의 위험성을 다룬 회의를 개최했다. 이 회의에서는 유전자 재조합 기술의 안전과 윤리가 주요 쟁점으로 다뤄졌다.

2010년대 초에 등장해서 지금은 대표적인 유전자 편집 기술이 된 유전자 가위 크리스퍼/캐스9CRISPR/Cas9의 윤리성을 다룬 회의도 아실로마 회의를 기준으로 삼아 진행되었다. 2023년 3월, 영국 런던에서 열린 인간유전자편집 정상회의International Summit on Human Genome Editing는 유전자 편집 기술의 최신 동향을 살피는 한편 사회 윤리 문제도 다루었다. 2015년 미국 워싱턴에서 첫 번째 회의가, 2018년 홍콩에서 두 번째 회의가 열렸고, 2023년 3차 정상회의의 조직위원회는 인간 유전자 편집 기술의 성과를 인정하면서도 후대에 유전될 수 있는 유전체 편집(대표적으로 생식세포 유전자)은 시기상조라고 성명서에서 언급했다.[1] 조직위원회는 유전되지 않는 유전자 편집 기술로, 적혈구가 낫 모양이 되어 쉽게 부서지고 산소가 원활히 공급되지 않는 유전병인 낫형세포병을 치료한 성과를 높이 평가했다. 그러나 2018년 허젠쿠이賀建奎 전 중국 남방과학기술대 교수가 유전자 편집 아기를 탄생시킨 것을 계기로 하여 유전될 수 있는 유전체 편집 기술은 논쟁적인 이슈가 되었다.

인간게놈프로젝트에 의해 인간 유전자의 염기서열 대부분이 밝혀졌고, 전체 유전정보를 알면 질병과 노화를 포함한 문제가 많이 해결되리라 기대했다. 2023년 인간 범유전체 참조 지도 컨소시엄 Human Pangenome Reference Consortium에서는 47명의 게놈을 더욱 정밀하게 분석한 결과를 발표했다.[2] 94개 염색체에 있는 DNA 염기서열을 분석해 인간 범유전체 참조 지도 초안을 만들었는데, 앞으로도 인종과 민족을 확대해서 더욱 다양한 사람들의 게놈 서열을 분석하겠다고 밝혔다. 인간게놈프로젝트는 지금도 진행되고 있다.

원래 우리 몸에서는 계속해서 유전자 변형이 일어나고 있다. 자연스러운 유전자 변형은 햇빛이나 생명체의 화학반응에 의해 발생한다. DNA 두 가닥 중에서 한 가닥이 절단되면서 염기 몇 개가 손실되면 다른 쪽 가닥을 주형 삼아 손실된 염기를 복구하기도 하고, DNA 두 가닥이 한꺼번에 절단되면 주변에 있는 DNA 조각을 가져와서 분리된 양쪽을 결합하기도 하고, 염기를 복구하지 않고 절단된 DNA 양쪽을 그대로 연결하기도 한다. 이런 유전자 변형은 생명체에 이로울 수도, 해로울 수도 있으며, 별다른 영향이 없을 수도 있다. 개체에는 문제가 될 수 있지만 종에는 이로울 수 있다.

DNA를 절단하면 생명체의 정보가 일부 손실되기 때문에 생체 내에서 복구 작업이 일어난다. 이 과정에서 DNA의 서열이 일부 변경, 추가, 삭제되면서 변이가 발생한다. 일부 변이는 암 같은 질병으로 발달하기 때문에 개체 수준에서는 해가 되기도 한다. 하지만 다양한 변이를 겪는 개체들의 집단인 종의 차원에서는 변이가 일어나는 만큼 다양성도 높아지므로 유리하다고 볼 수 있다. 그래서 DNA 복구 과정은 생물물리학의 주요 연구 주제이기도 하다.

DNA 염기서열에 유전정보가 담겨 있으므로 네 개의 염기가 어떤 순서로 배열되어 있는지 알아야 한다. 초기 염기서열 분석법은

한 염기씩 읽는 식이었는데, 최근에는 분석 비용과 시간을 줄인 차세대 염기서열 분석법이 활용되고 있다. 생물물리학자들은 염기서열 분석 장비와 알고리즘을 개발하고 있다.

DNA 염기서열 분석이 생명 정보를 읽는 것이라면, DNA 염기들을 잘라내고 이어 붙여 새로운 염기로 대체하는 것은 생명 정보를 편집하는 것이다. 초기 유전자 편집 기술인 징크 핑거 뉴클레이스Zinc Finger Nuclease와 탈렌Transcription activator-like effector nuclease, TALEN을 거쳐, 최신 기술인 크리스퍼/캐스9, 프라임 에디팅prime editing으로 발전했다. 과학 연구 방법을 주로 다루는 저명한 학술지인 《네이처 메소즈Nature Methods》에서는 2011년에 유전자 편집을 '올해의 기술'로 선정하기도 했다.

생물물리학자들은 생명 정보가 담긴 DNA의 구조와 기능을 알아내기 위해 노력한다. DNA 이중나선 구조를 밝히는 데 결정적으로 기여했던 엑스선 결정학은 지금도 유전자 편집에 필요한 단백질과 효소의 구조를 확인하는 데 활용되며 단분자 형광공명에너지전달 기술은 DNA가 절단되었을 때 복구되거나 재조합되는 과정을 알아내는 데 사용된다.

생물물리학자들이 염기서열을 분석하고 편집하는 도구를 만드는 데 관심이 있다면, 생물학자들은 그 도구를 이용해 암이나 노화, 수명 같은 생물학적 질문에 답을 찾는 데 관심이 있다. 이렇듯 생물물리학과 생물학은 협력하면서 발전하고 있다.

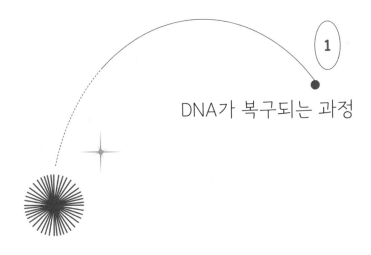

DNA가 복구되는 과정

　정자와 난자가 결합하여 수정란이 된 후에는 모든 세포가 여러 번의 분화를 거치면서 몸이 구성된다. 수정란에 있는 유전정보와 물질은 세포분열을 하면서 복제되고 딸세포에 유전정보가 전달된다. 그러나 한 번의 오류도 없이 유전물질이 복제되는 건 아니다. DNA 복제가 일어나는 세포 안의 많은 물질과 자외선에 노출되는 등 생체 내외의 여러 요인에 의해 DNA 복제 과정에서 오류가 발생한다.

　오류가 발생하면 RNA 단백질로 전달되어야 하는 유전정보가 변한다. 진화적인 측면에서 보면, 생명 정보의 전달에 문제가 생겨서 변이가 발생하면 다양한 특징을 지닌 개체가 등장하면서 종이 번성하는 데 이득이 된다. 그러나 변이를 겪는 한 개체에게도 좋은 일이기만 한 것은 아니다. DNA 복제 과정에서 DNA 염기서열을 읽는 순서가 달라지면, 원래 발현되어야 할 단백질이 변성되거나 아예 발현되지 않을 수도 있다. 그로 인해 여러 유전병과 암이 발생한다.

개체 단위에서 보면 DNA 복제 오류는 생명 유지에 중대한 문제이기 때문에, 최대한 오류를 복구하는 게 좋다. 세포가 분열하면서 DNA가 복제되는 과정에 오류가 인식되면 곧바로 복구 시스템이 작동한다. 이 장에서는 지금까지 알려진 다양한 DNA 복구 메커니즘 중에 2015년 노벨상을 수상한 과학자들의 연구를 중심으로 살펴본다.3

염기 절단 복구

1960년대 후반, 토마스 린달은 DNA가 안정적인지 궁금했다. 당시 과학계는 생명 정보를 담고 있는 DNA가 매우 안정적이어서 진화에 필요한 변이가 가끔만 발생한다고 추정했다. 하지만 린달은 실험을 통해 RNA에 열을 가하면 쉽게 망가진다는 것을 알았다. DNA라고 해서 열이나 자외선 같은 외부 요인으로 변성되지 않고 안정적일까? 린달은 카롤린스카 연구소에서 DNA 손상 과정을 연구하여 DNA가 손상된다는 것을 확인했다. 그렇다면 손상된 DNA를 복구하는 기작도 있어야 했다. 이 질문에 답을 얻기 위해 그는 대장균을 이용해 실험했고, 1974년에는 염기 절단 과정을 규명한 논문을 발표했다.4

린달이 알아낸 염기 절단 복구는 염기에 문제가 생겼을 때 작동한다. 시토신에서 아미노기 하나가 유실되면서 우라실로 변형된다. 그러면 글리코실레이스glycosylase 효소가 손상된 염기를 확인해서 우라실 염기를 절단한다. 그리고 DNA 중합효소가 염기가 잘려나간 부위를 채우고, DNA 연결효소가 DNA를 연결한다.

불일치 복구

DNA 복제가 일어나는 세포분열기에 염기쌍이 맞지 않는 뉴클레오티드가 새 DNA 가닥에 들어가기도 한다. 이렇게 DNA 염기쌍이 불일치할 때, 세포 내에서는 1,000번에 1번 정도를 제외하고는 대부분 불일치 복구 과정이 일어나 DNA 오류가 수정된다.

DNA 가닥에 불일치가 발생하면, MutS와 MutL 효소가 불일치되는 영역을 감지한다. MutH 효소가 DNA 가닥에 메틸기가 있는지 없는지 조사한다. 원래 DNA 가닥에는 메틸기가 있고 새로 복제되는 DNA 가닥에는 없다. 따라서 메틸기가 없는 가닥에만 복구 과정이 진행된다. MutS, MutL, MutH가 잘못된 DNA 가닥을 자르면 DNA 불일치 영역이 제거된다. 그러면 DNA 중합효소가 잘린 부위를 채우고, DNA 연결효소가 절단된 DNA를 연결한다.[5]

뉴클레오타이드 절단 복구

인접한 두 개의 티민 염기가 자외선에 노출되면 티민 사이에 공유결합이 형성된다. DNA 복제나 전사는 염기를 하나씩 읽어가면서 진행되기 때문에, 두 개의 티민이 결합한 이량체dimer는 이 과정에 문제를 발생시킨다. 티민 이량체를 제거해서 DNA를 복구하는 방식을 뉴클레오타이드 절단 복구라고 한다. 이 복구에 작동하는 효소들이 티민 이량체를 인지하고 뉴클레오타이드 12개를 잘라낸다. 티민 이량체는 두 개의 뉴클레오타이드로 구성되지만 주변 DNA도 영향을 받을 수 있기 때문에 뉴클레오타이드 12개를 절단해 손상된 부위와 그 주변을 확실하게 제거한다. 그다음에 DNA 중합효소가 결합해서 절단된 부위를 복구하고, DNA 연결효소가 DNA를 연결한다.6

상동 재조합과 비상동 말단 연결

DNA 두 가닥이 동시에 절단되었을 때 복구 과정은 대체로 두 가지다. 하나는 DNA가 절단되어 유실된 염기서열을 복구하는 상동 재조합이고, 또 하나는 절단된 부분에서 없어진 염기를 복구하지 않은 채 그대로 절단된 DNA를 결합하는 비상동 말단 연결이다.

상동 재조합은 손상된 DNA를 정확하게 복구할 수 있지만, 과정이 복잡하고 시간이 오래 걸린다. 반면 비상동 말단 연결은 빠르게 DNA를 복구할 수 있지만, 정확성이 떨어질 수 있다. 비상동 말단 연결이 말단에서 일어나는 이유는 DNA 이중 가닥이 절단되면 자연스럽게 DNA 말단이 생기기 때문이다. 비상동 말단 연결은 이렇게 생성된 DNA 말단을 직접 연결해 빠르고 효율적으로 손상된 DNA 를 복구한다.

두 메커니즘은 세포의 상황과 필요에 따라 선택적으로 사용된 다. 빠른 복구가 필요한 경우나 상동 서열이 없는 경우에는 비상동 말단 연결이 적합할 수 있다. 반면 정확한 복구가 중요하고 시간이 충분한 경우에는 상동 재조합이 사용될 수 있다. 이 두 메커니즘은 세포가 손상된 DNA를 복구하는 방법으로, 유전체의 안정성을 유 지하는 데 필수적이다.7

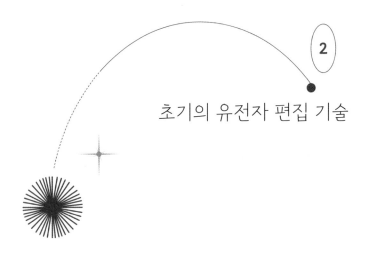

초기의 유전자 편집 기술

초기 유전자 편집 기술에는 징크 핑거 뉴클레이스와 탈렌이 있다. 먼저 징크 핑거 뉴클레이스는 DNA 염기서열을 인식해서 결합할 수 있는 징크 핑거 단백질과 DNA를 절단할 수 있는 포크I 제한효소 FokI restriction endonuclease를 결합한 기술이다. 징크 핑거 한 개는 염기쌍 세 개를 인식하며, 일반적으로 징크 핑거를 3~6개 연결한 것이 징크 핑거 단백질이다. 따라서 징크 핑거 단백질은 염기쌍 9~18개의 DNA를 인식할 수 있다. 징크 핑거 뉴클레이스가 표적 DNA에 결합하면 포크I 제한효소가 DNA의 이중 가닥을 절단하고 DNA 복구 메커니즘이 작동하면서 유전자가 편집되는 원리다.8

또 다른 편집 기술인 탈렌도 징크 핑거 뉴클레이스처럼 DNA에 결합한 탈레Transcription Activator-Like Effector, TALE 단백질과 DNA

(　　114　　)

를 절단하는 포크I 제한효소로 구성된다. 탈레는 식물 병원체인 잔토모나스Xanthomonas 박테리아에서 유래한 단백질로, 반복되는 아미노산 서열로 구성되며 각 반복 단위는 33~35개의 아미노산으로 이루어져 있다. 각 반복 단위의 12번째와 13번째 아미노산Repeat Variable Diresidue, RVD이 특정 DNA 염기를 인식한다. 탈렌은 탈레의 DNA 인식 능력과 포크I 제한효소의 절단 능력을 결합한 것이다. 일반적으로 14~20개의 탈레 모듈을 연결해 긴 DNA 서열을 인식한다.

탈렌에 의해 DNA가 절단되는 과정은 다음과 같다. 두 탈렌이 표적 DNA 양쪽에 결합하고, 포크I 제한효소 도메인이 이량체를 형성해 활성화된다. 활성화된 포크I 제한효소가 두 탈렌 사이의 DNA 이중 가닥을 절단한다. 절단된 DNA는 상동 재조합 또는 비상동 말단 연결에 의해 복구되면서 유전자가 편집된다.9

탈렌은 긴 DNA 서열을 인식하기 때문에 징크 핑거 뉴클레이스보다 특이성이 높고, 거의 모든 DNA 서열을 인식할 수 있다. 또한 탈렌은 모듈화되어 제작되기 때문에 징크 핑거 뉴클레이스보다 쉽게 만들 수 있다. 반면 탈렌은 징크 핑거 뉴클레이스보다 커서 세포 안으로 전달하기가 어렵다.10 최근에는 딥러닝을 이용해 징크 핑거 뉴클레이스의 성능을 개선한 연구가 발표되면서 초기 유전자 편집 기술을 업그레이드하고 있다.11

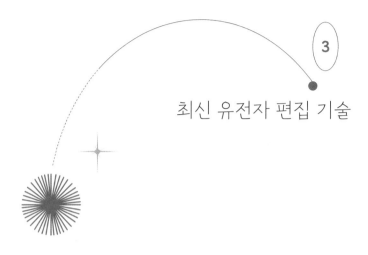

3

최신 유전자 편집 기술

2010년대 초에 등장한 크리스퍼/캐스9 시스템을 이용한 유전자 편집 기술은 앞선 두 기술을 개선한 것이다. 크리스퍼를 직역하면 '규칙적인 간격으로 분포하는 회문 구조의 짧은 반복 서열'이고, 캐스9은 DNA 두 가닥을 절단하는 단백질이다.

크리스퍼를 이용한 유전자 편집 과정은 화농연쇄상구균 박테리아를 관찰하면서 알려졌다. 외부 바이러스에 감염되었다가 살아남은 화농연쇄상구균은 자신의 DNA에 있는 크리스퍼 영역에 바이러스 DNA 서열의 일부를 삽입한다. 나중에 같은 서열의 바이러스가 침입했을 때 삽입해놓은 이전 바이러스 서열과 비교해서 일치하면 새로 침입한 바이러스 DNA를 잘라서 파괴할 수 있다. 이처럼 바이러스 DNA의 일부가 추가된 DNA를 crDNA^{CRISPR DNA, 크리스퍼}

DNA라고 부른다.

crDNA에서 전사하여 crRNA^{CRISPR RNA, 크리스퍼RNA}가 생성된다. 그 후 tracrRNA^{trans-activating CRISPR RNA, 트레이서RNA}가 crRNA의 반복 서열 영역에 결합하면, 근처에 있던 캐스9 단백질이 결합한다. 그리고 리보뉴클레이스III^{RNase III} 단백질에 의해 DNA가 절단된다. 2011년 에마뉘엘 샤르팡티에^{Emmanuelle Charpentier}는 tracrRNA를 규명한 논문을 《네이처》에 발표했다.[12]

공동으로 연구를 시작한 샤르팡티에와 제니퍼 다우드나는 crRNA가 바이러스 DNA를 인식하고 캐스9 단백질이 DNA를 절단한다고 추정했다. 당시에 두 사람은 tracrRNA는 crRNA가 활성화되게끔만 한다고 보았다. 이 가설을 확인하기 위해 crRNA와 tracrRNA를 각각 넣어주며 실험해봤지만, DNA는 절단되지 않았다. 그러다가 crRNA와 tracrRNA를 합쳐서 하나의 분자로 만드는 아이디어를 떠올렸고 답을 찾아냈다. crRNA와 tracrRNA가 결합된 분자를 gRNA^{guide RNA, 가이드RNA}라고 하는데, 이것만 적절히 설계해서 제작하면 유전자를 편집할 수 있다.

크리스퍼 시스템은 캐스9 단백질을 그대로 사용할 수 있다는 장점이 있다. 앞선 유전자 편집 기술이었던 징크 핑거 뉴클레이스와 탈렌은 편집하려는 염기서열에 따라 단백질을 새로 제작해야 했기에 시간과 돈이 많이 들었다. 반면 크리스퍼 시스템은 편집하려는 염기서열과 상관없이 캐스9 단백질을 그대로 사용하고, gRNA만 새

로 만들면 되기 때문에 간단하고 비용도 저렴하다.13

샤르팡티에와 다우드나의 연구 결과가 발표된 후, 생물학에서 활용하는 모델 생물에서도 크리스퍼/캐스9 시스템이 작동한다는 실험 결과가 발표되었다. 실험실에서 수행하는 생체 외 조건에서 크리스퍼가 작동했다고 해서 생체 내 조건에서도 자동으로 작동한다는 보장은 없기 때문에 큰 의미가 있는 결과다. 이처럼 생체 외 실험을 생체 내 실험으로 가져올 때 생물학에서는 모델 생물을 활용한다. 대표적인 생물로는 생쥐, 초파리, 예쁜꼬마선충, 제브라피시 등이 있다.

샤르팡티에와 다우드나의 크리스퍼/캐스9 시스템으로 여러 모델 생물의 유전자를 편집한 연구가 발표되었다.14 그중 대표적인 것이 MIT와 하버드대학교의 브로드 연구소Broad Institute에 소속된 장펑张锋,Feng Zhang 연구팀의 결과다. 이 연구팀은 인체 세포와 생쥐 세포에서도 크리스퍼/캐스9 시스템이 작동한다는 것을 확인했다.15 이 결과가 알려지자, 인간 생식세포를 유전자 편집해서는 안 된다는 윤리적인 문제가 제기되었다. 크리스퍼가 이전 유전자 편집 기술보다 염기서열 편집 오류가 줄어들기는 했지만, 하나의 염기쌍만 오류 없이 편집할 수는 없기 때문이다.

최근에는 크리스퍼 유전자 편집 기술보다 발전된 프라임 에디팅이 주목받고 있는데, 이 기술은 하버드대학교 데이비드 리우David R. Liu 연구팀이 주도하고 있다.16 크리스퍼가 DNA 이중 가닥을 절단한다면, 프라임 에디팅은 DNA 한 가닥만 절단한다. 프라임 에디팅은 프라임 에디터prime editor 단백질과 프라임 에디팅 가이드 RNAprime editing guide RNA로 구성된다. 프라임 에디터는 크리스퍼에서 사용되었던 캐스9 단백질을 변형한 엔캐스9nCas9와 역전사효소의 융합 단백질로, 표적 DNA를 찾는 역할을 한다. 여기서 역전사효소란 RNA를 DNA로 바꾸는 효소를 가리킨다.

먼저 프라임 에디터가 DNA의 한 가닥만 절단한다. 프라임 에디터가 프라임 에디팅 가이드 RNA의 지시에 따라 새로운 DNA 조각을 만들어 넣는다. 프라임 에디팅은 크리스퍼 방식처럼 DNA 이중 가닥을 절단하지 않고 DNA를 편집하므로 훨씬 안전하다. 한편 표적 DNA를 편집하는 정확도는 높지만, 효율은 다소 떨어진다. 이 기술은 정밀한 유전자 편집을 이용한 질병 치료와 신약 개발을 포함한 정밀 의료에서 활용될 수 있을 것으로 주목받고 있다.[17]

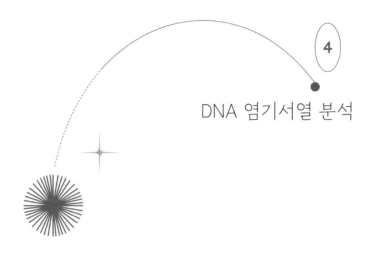

DNA 염기서열 분석

DNA 염기서열 분석은 1977년에 두 연구팀이 독립적으로 개발해 논문을 발표했다. 첫 번째 방법은 생어 연구팀이 발표한 것이다. 먼저 효소 반응을 이용해 DNA 염기를 하나 추가해서 합성한 후, 효소 반응을 종결시키고 전기영동으로 염기서열을 분석한다.[18] 두 번째 방법은 맥섬과 길버트 연구팀이 개발한 것으로, DNA의 특정 염기 부위를 절단해서 그 조각을 분석하는 방법이다.[19] 여기서는 대표적인 염기서열 분석 방법을 몇 가지 살펴본다.

우선 DNA 염기서열 분석 회사로 유명한 일루미나Illumina가 채택한 기술은 가역 종결자reversible terminator로 불린다. 가역 종결자는 DNA 서열 분석 과정에서 DNA 합성을 일시적으로 중단시키고 각 염기를 형광 신호로 판독한 뒤, 중단 요소를 제거해 다시 합성 작업을 하도록 한다. 가역 종결자를 이용하면 염기별 형광염료를 활용해 각 염기의 순서를 정확히 판독할 수 있으며, 반복적으로 합성을 진행할 수도 있다. 생어 분석법처럼 디옥시리보뉴클레오타이드 deoxyribonucleotide, dNTP에 형광염료가 결합하는데, DNA 한 가닥에 디옥시리보뉴클레오타이드가 결합하면 레이저를 이용해 형광 신호를 구분해서 염기를 분석한다. 그다음에 형광염료와 종결 부위를 절단한 다음, 절단된 부위가 다음번 염기서열 분석에 방해가 되지 않도록 씻어낸다. 생어 분석법이 효소 반응을 종결시켜 분석이 끝난다면, 일루미나의 방식은 종결자 부위에 새로운 디옥시리보뉴클레오타이드가 결합해 새로운 효소 반응을 계속 일으킬 수 있다.20

두 번째 방법은 약 100나노미터 크기의 제로 모드 도파관zero mode waveguide을 활용한다. DNA를 용매에 섞어서 농도를 낮춰서 도파관에 넣어주고 형광 신호를 측정해서 염기서열을 분석하는 것이다. 100나노미터는 머리카락의 1,000분의 1 정도로, 네 염기의 디옥시리보뉴클레오타이드에 각각 다른 파장의 형광염료를 결합한다. 생어 분석법처럼 디옥시리보뉴클레오타이드가 주형 기능을 하는 DNA 한 가닥에 결합하는데, 이때 레이저를 이용해 형광 신호를 분석하면 어떤 염기가 결합했는지 알 수 있다.

제로 모드 도파관 기술은 일루미나 방식과 달리 실시간으로 분석할 수 있다. 일루미나 방식에서는 가역 종결을 위해 종결 부위와 형광염료 결합 부위를 절단해서 씻어낸 다음 새 디옥시리보뉴클레오티드를 추가했다면, 제로 모드 도파관 방식은 디옥시리보뉴클레오티드가 결합된 후에 종결 부위를 절단하지 않으므로 일루미나 방식보다 빠르게 분석할 수 있다.[21]

또 다른 DNA 염기서열 분석법으로는 나노포어[nanopore] 기술이 있다. 나노포어라는 단어로 알 수 있듯이, 이 기술은 수 나노미터 크기의 구멍에 DNA 한 가닥을 통과시키면서 염기서열을 분석하는 것이다. 나노포어는 채널 단백질로 만들 수도 있고 그래핀이나 실리콘 같은 인공 합성 물질로도 만들 수 있다. 이 시스템은 나노포어를 기준으로 음전하로 대전된 시스[cis] 영역과 양전하로 대전된 트랜스[trans] 영역으로 구분되며, DNA는 시스 영역에 있다. 두 영역은 전해질 용액으로 가득한데, 이 장치에 전압을 걸어주면 전해질 용액이 시스 영역에서 트랜스 영역으로 이동한다. 이때 수 피코암페어(1피코암페어는 10^{-12}암페어) 전류가 생성된다. 시스 영역에 있던 DNA 두 가닥은 모터 단백질에 의해 한 가닥으로 풀린다. DNA 한 가닥이 나노포어를 통과할 때, 전해질 용액이 나노포어를 통과하는 양이 달라지면서 전류가 달라진다. 각각의 염기가 통과하면서 변하는 전류와 반응 시간 등을 측정하면 염기서열을 분석할 수 있다.

일루미나 방식과 제로 모드 도파관 방식은 네 염기에 각각 다른 형광염료를 결합해야 하지만, 나노포어 방식은 형광염료를 결합하거나 형광 신호를 검출하지 않아도 된다. 나노포어는 염기서열 분석에 필요한 DNA 양이 적어도 분석할 수 있으며, 1~5만 개의 염기쌍

만큼 긴 DNA도 분석할 수 있다.

하지만 채널 단백질 같은 생물학적 나노포어를 이용하므로, 연구자가 나노포어 크기를 조절할 수 없고 외부의 온도나 습도에 민감하다는 단점이 있다. 게다가 실리콘이나 그래핀을 이용해 나노포어를 제작하면 생물학적 나노포어보다 크기가 커진다. 그래도 형광 신호를 이용하지 않으면서 긴 DNA를 분석할 수 있다는 장점 때문에 최근 나노포어를 이용한 DNA 염기서열 분석 방법이 활발히 연구되고 있다.22

DNA는 당, 인산, 네 개의 염기로 구성되어 있는데, 그냥 두면 아무 일도 발생하지 않는다. 이 물질들을 꺼내 그냥 섞어도 DNA 구조가 저절로 만들어지는 것은 아니다. DNA는 저절로 복제되지도 않고, 오류 없이 복제되지도 않는다. 생명 정보가 보존되고 전달되기 위해서는 생체 내에서 물질이 정교하게 상호작용해야 한다. DNA가 복제될 때 오류가 발생하면 오류 발생 위치를 인식하고 복구하는 과정도 필요하다. 그래서 생물물리학자들은 생명현상에서 물질의 상호작용과 정교한 배치를 알아내는 연구를 수행하고 있다.

5장

RNA 물리학

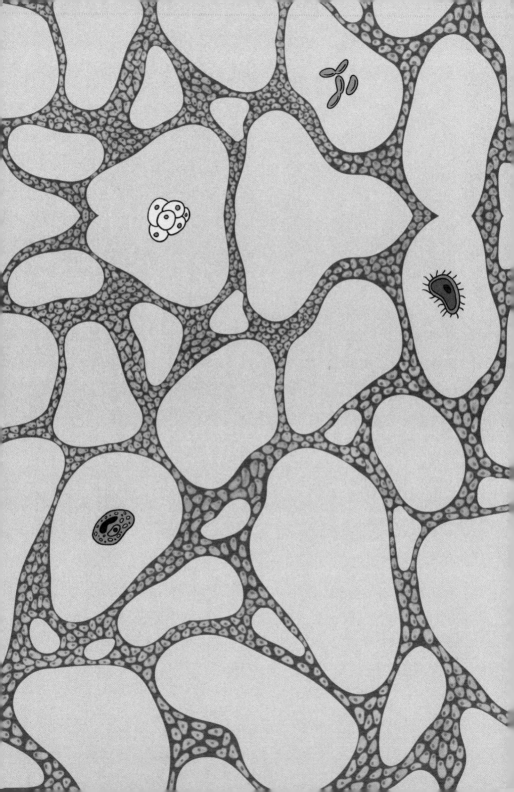

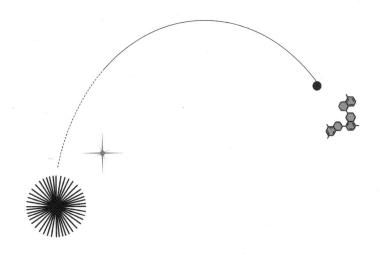

　이 장에서는 생물물리학에서 다루는 RNA 연구를 위한 도구와 결과를 다룬다. 생물물리학에서 RNA 연구는 RNA 분자의 구조와 동역학적 특성을 물리적인 관점에서 분석해 RNA가 생명현상에서 수행하는 다양한 역할을 이해하는 데 있다.

　RNA는 효소 기능(리보자임), 유전자 발현 조절(miRNA, siRNA), 단백질 발현 같은 다양한 생물학적 역할을 수행한다. 예를 들어 엑스선 결정학, 핵자기공명, 초저온전자현미경, 단분자 형광공명에너지전달 기술 같은 도구를 활용해 RNA의 구조와 분자 간 상호작용, 에너지 상태를 알아낸다.

　RNA 간섭은 RNA가 특정 mRNA를 표적으로 해서 유전자 발현을 억제하거나 분해하는 메커니즘이다. 이 과정에는 siRNA와

miRNA가 관여하며, 발달 과정, 질병 조절, 환경 적응에 중요한 역할을 한다.

단일 세포 RNA 서열 분석single-cell RNA sequencing은 개별 세포의 RNA 발현 상태를 정밀히 분석하여 조직 내의 세포 간 이질성과 특성을 탐구하는 도구로, 복잡한 생명현상과 질병 기전에서 RNA의 역할을 밝히는 데 활용된다.

최근에는 miRNA의 기능을 정량적으로 이해하기 위혜 miRNA의 개수를 세는 연구가 수행된다. 이를 위해 단분자 기술single-molecule techniques을 통해 세포 내에서 miRNA의 분포와 작용을 시각화하고 분석한다.

결국 생물물리학에서의 RNA 연구는 RNA의 분자적 특성과 동역학을 이해하는 것이 목적이다.

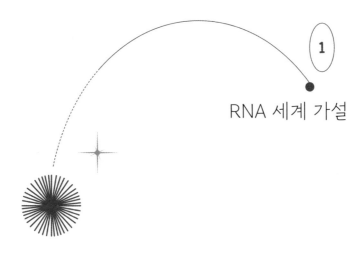

RNA 세계 가설

DNA에는 생명 정보가 들어 있고, DNA 염기서열에 따라 RNA로 정보가 전달되는 전사와 RNA에서 단백질이 발현되는 번역이 진행되며, DNA와 RNA, 단백질의 상호작용으로 생명이 탄생하고 번성하고 사멸한다. 이는 지구에 생명체가 처음 등장했던 순간을 그럴듯하게 설명하는 이야기다. 이렇듯 생명 정보가 DNA에서 RNA로, RNA에서 단백질로 전달된다는 중심 원리가 20세기 후반에 등장해서 생물학의 주류 이론으로 자리 잡았다. 그러면서 DNA가 지구 생명체의 시작이라는 가설이 힘을 얻었다.

그런데 지금까지 연구된 결과를 보면, DNA에서 단백질이 발현되기까지 RNA가 필요할 뿐만 아니라, DNA가 절단되었을 때 복구하는 복잡한 과정에도 RNA와 단백질이 관여한다. 그렇다면 초기 지구에 DNA만 있어서는 생명체가 등장할 수 없다는 결론에 다다른다. DNA가 아니라면 RNA와 단백질이 생명 시작의 후보 물질로 남는다. 단백질은 DNA와 RNA에서 전달된 정보가 있어야 발현하지만, RNA라면 어떨까? RNA만 존재하는 지구에서 생명이 등장할 수 있을까?

이 질문에 과학으로 답하려는 연구자들이 있다. 1986년 하버드 대학교 월터 길버트Walter Gilbert는 RNA 세계 가설을 《네이처》에 발표했다.1 길버트는 자기복제를 할 수 있는 첫 물질이 RNA와 단백질로 구성된다는 기존의 주장을 반박했다. 이제 논쟁의 핵심은 생명의 시작 물질이 DNA가 아니라 RNA와 단백질인지, 아니면 RNA 단독인지로 넘어간 것이다.

당시에는 RNA가 정보를 담고 있고 그 정보를 복제하고 자르고 편집할 수 있는 기능이 단백질에 있으니, 유전적 변화가 발생하려면 RNA와 단백질이 모두 필요하다는 게 통념이었다. 하지만 길버트는 단백질 없이 RNA만으로도 자기복제가 가능하다고 주장했다. 그는 대장균의 RNA가 효소(효소도 단백질이다)처럼 작동할 수 있으며, 원생동물 섬모충류Ciliata 중 하나인 테트라하이메나Tetrahymena의 RNA도 효소로 기능할 수 있다는 결과를 제시했다. 리보자임ribozyme은 효소처럼 작용하는 RNA 분자로, 단백질 없이도 효소 기능을 할 수 있다. 리보자임에서 'ribo'는 리보핵산RNA을, 'zyme'은 효소를 의미한다. 즉 리보자임은 효소와 같은 촉매 기능을 가진 RNA 분자다.

일반적으로 효소는 단백질로 이루어져 있지만, 리보자임은 RNA로만 구성되어 있으면서도 생화학 반응을 촉진할 수 있다. 길버트는 RNA만으로도 자기복제와 돌연변이가 가능하다고 보았다.

당시 주류 과학자들은 RNA 세계 가설이 흥미롭긴 하지만, 이를 입증할 증거가 부족했기에 진지하게 고려하지 않았다. 그러다가 2022년 독일 루트비히막스밀리안대학교 화학자들이 RNA-펩타이드 세계 가설을 제안하면서 RNA 세계 가설을 좀 더 엄밀히 만들었다.[2] 펩타이드란 단백질 구성 물질인 아미노산이 두 개 이상 연결된 저분자 물질로, 10개 이상의 아미노산이 연결된 것을 폴리펩타이드 polypeptide라고 부르며 일반적으로 단백질은 아미노산이 50개 이상 연결된 긴 펩타이드 사슬이다.

RNA-펩타이드 세계 가설에 따르면, RNA와 펩타이드는 초기부터 공진화했을 가능성이 있으며, 현재 mRNAmessenger RNA, 전령 RNA와 rRNAribosomal RNA, 리보솜RNA에서 발견되는 RNA 염기들은 RNA에서 직접 펩타이드를 합성했을 것이라고 주장한다. 특히 이 가설은 RNA와 단백질 중 무엇이 먼저인지, '닭과 달걀' 문제에 대한 해답이 될 수 있다. RNA와 펩타이드가 처음부터 함께 존재하고 상호작용했다는 입장이기 때문이다. RNA 세계든 RNA-펩타이드 세계든 아직은 완전히 증명되지 않은 가설이지만, 일부 과학자는 흥미를 느끼고 연구하고 있다.[3]

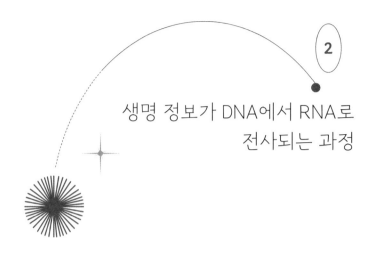

생명 정보가 DNA에서 RNA로 전사되는 과정

생명 정보가 DNA에서 RNA로 전달되는 전사 과정은 개시 initiation, 신장elongation, 종결termination의 세 단계로 진행된다. 여기서 는 mRNA가 전사되는 과정을 살펴보자.

먼저 개시 단계에서 RNA 중합효소가 DNA의 프로모터 영역에 결합한다. 프로모터는 RNA 중합효소가 결합하는 시작 위치를 지정 하는 역할을 한다. 전사 인자가 RNA 중합효소의 결합을 돕고, DNA 이중나선이 일부 풀리면서 전사 버블이 형성된다. 그러면 신장 단 계에서 RNA 중합효소가 DNA 주형 가닥을 따라 이동한다. DNA와 RNA는 뉴클레오타이드가 5′에서 3′ 방향으로 결합해서 생성된다. 그래서 전사 과정에서 생성되는 RNA도 5′에서 3′ 방향으로 진행된 다. 이때 DNA 주형 가닥은 전사에서 생성되는 RNA와 상보적이므로 3′에서 5′ 방향으로 읽힌다. 여기서 상보적이라는 말은 짝을 이루는 염기가 정해져 있다는 뜻으로, DNA에서 아데닌은 티민과, 구아닌은 시토신과 결합하고, RNA에서 아데닌은 우라실과, 구아닌은 시토신과 결합하는 식이다. 또한 DNA는 상보적으로 결합된 이중나선이기 때문에, 주형 기능을 하지 않는 DNA 가닥(비주형 가닥)은 RNA와 같은 염기서열을 갖는다. 이때 새로 합성된 RNA와 같은 방향에서 동일한 염기서열을 갖는 비주형 가닥을 센스 가닥sense strand이라고 하고, 주형 가닥을 안티센스 가닥anti-sense strand이라고 한다.

종결 단계는 원핵생물과 진핵생물이 다르다. 원핵생물은 핵이 없어서 DNA가 세포질에 있기 때문에, 종결 서열에 도달하면 RNA 중합효소가 DNA에서 분리된다. 한편 진핵생물에는 핵이 있고 핵 안에 DNA가 있어서 전사가 핵 안에서 진행되는데, RNA에서 단백질이 발현되는 번역 과정은 핵 밖에서 이루어진다. 그래서 전사가 종결된 RNA는 핵막을 통과해서 세포질로 이동한다.

핵 안에서 전사된 RNA는 핵 밖으로 이동하기 전에 가공 단계를 거치는데, RNA가 핵 안에서 핵 밖으로 이동하는 진핵생물에서만 이루어진다. 먼저 5′ 말단에 변형된 구아닌 뉴클레오타이드 캡이 추가된다. 3′ 말단에는 50~250개의 아데닌 뉴클레오타이드 꼬리가 추가된다. 또한 유전자에서 단백질 발현 정보를 제공하지 않는 인트론이 제거되고, 단백질 발현 정보가 담겨 있는 엑손이 연결되는 RNA 스플라이싱이 진행된다. 여기서 비번역 지역untranslated region,

UTR은 단백질로 번역되는 염기서열 뒤에 이어지는 염기서열인데, 단백질로 번역되지 않는다. 수 나노미터에서 수십 나노미터 크기의 물질이 수 밀리초에서 수십 밀리초 사이에 결합하면서 전사가 시작되고 끝난다.

이와 같은 전사 과정의 시간과 공간을 고려하면, 이를 연구하는 데 2장에서 설명한 형광공명에너지전달 방법이 적합하다. 최근 서울대학교 홍성철 교수 연구팀은 형광공명에너지전달 방법으로 전사 종결 과정을 밝혀냈다. 이 연구는 전사 과정에서 생성된 RNA가 DNA에서 분리되는 종결 단계에서 RNA 중합효소가 DNA에 남아 있는지, 아니면 분리되는지 확인했으며 새로 생성된 RNA가 RNA 중합효소를 밀어내는지, 당기는지도 알아냈다.[4]

연구 결과에 따르면, 전사 종결을 조절하는 로Rho 단백질에 의해 전사 종결은 세 경로를 따른다. 첫째, 캐치업 재활용 종결catch-up recycling termination 경로는 로 단백질이 RNA를 따라 이동하다가 RNA 중합효소에 도달하면 RNA만 분리하고 RNA 중합효소는 재활용된다. 둘째, 캐치업 분해 종결catch-up decomposing termination 경로는 로가 RNA 중합효소에 도달한 후 RNA와 RNA 중합효소를 동시에 분리하며, 가장 빈번한 경로다. 셋째, 대기 분해 종결stand-by decomposing termination 경로는 로가 RNA 중합효소에 먼저 결합한 다음, 새로 합성된 RNA에 있는 로 활용 위치Rho-utilization site, rut site를 기다리다 RNA와 RNA 중합효소를 한 번에 분리하는 가장 느린 경로다.

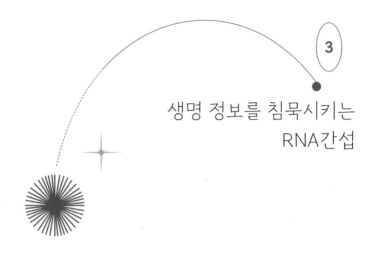

3

생명 정보를 침묵시키는
RNA간섭

1990년대 식물학자들은 페튜니아를 더 붉게 만들려고 했다. 사람들이 진한 붉은색을 선호했기 때문이다. 그래서 RNA가 더 많으면 단백질도 그만큼 더 많이 발현되어서 꽃 색이 진해질 것으로 가정하고 페튜니아의 꽃 색을 결정하는 RNA를 추가로 넣었다. 하지만 예상과 달리 일부 꽃은 오히려 탈색되었다. 중심 원리를 따른다면 추가로 넣은 RNA가 꽃을 붉게 만드는 단백질을 더 많이 발현해서 색이 진해져야 할 텐데 말이다. 당시 식물학자들은 탈색 현상을 설명하지 못했다. 그러다가 1998년 앤드루 파이어Andrew Fire와 크레이그 멜로Craig Mello가 예쁜꼬마선충을 이용해 이 현상이 발생하는 과정을 설명했다.5

파이어와 멜로 연구팀은 예쁜꼬마선충의 움직임과 관련된 단

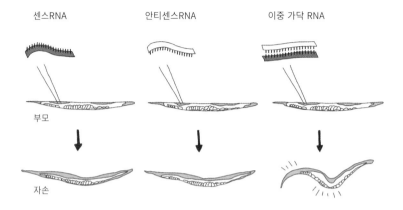

센스RNA   안티센스RNA   이중 가닥 RNA

부모

자손

그림 5-1 예쁜꼬마선충을 이용한 RNA간섭 실험.
예쁜꼬마선충의 움직임과 관련된 단백질을 발현하는 mRNA와 상보적인 서열을 갖는
센스RNA를 넣어주었을 때 그 자손은 변화가 없었다. 두 번째로 mRNA의 안티센스
RNA를 넣어도 자손은 정상이었다. 그런데 센스RNA와 안티센스RNA를 하나로 합친
이중 가닥 RNA를 주입했을 때 자손의 움직임에 문제가 발생했다.

백질을 연구 목표로 삼았다. 이 단백질을 발현하는 mRNA와 상보
적인 서열을 갖는 센스RNA를 넣어주었을 때 그 자손은 변화가 없
었다. 두 번째로 mRNA의 안티센스RNA를 넣어주어도 자손은 정상
이었다. 그런데 센스RNA와 안티센스RNA를 하나로 합친 이중 가
닥 RNA를 주입하니 자손의 움직임에 문제가 발생했다. mRNA의 발
현을 막는 RNA를 작은RNA^small RNA라고 부르고, 작은RNA에 의
해 mRNA 작용에 간섭이 발생하는 것을 RNA간섭^RNA interference,
RNAi이라고 명명했다.[6] 지금은 RNA간섭을 일으키는 작은RNA를

siRNA^{small interfering RNA}라고 부른다.

RNA간섭은 생명 정보가 DNA에서 mRNA로 전달될 때 mRNA의 발현을 막는 siRNA 때문에 단백질 합성 정보가 전달되지 못하는 과정이다. 진핵세포의 세포핵 안에서 DNA 이중나선 구조가 풀리면서 mRNA 한 가닥이 전사되어 생성되고, 세포핵을 벗어나 세포질로 나와 리보솜에서 단백질을 발현하는 번역이 진행된다.

파이어와 멜로는 mRNA가 한 가닥이기 때문에 mRNA와 상보적으로 결합하는 물질을 넣어주면 단백질을 발현하지 못하게 만들 수 있다고 추정했다. 그들의 논문이 발표되기 전까지 연구자들은 이 가설이 맞는지 확인하려고 실험했지만, 그 결과는 일관되지 않았다. 그러다가 예쁜꼬마선충을 이용한 실험을 통해 RNA간섭을 설명할 수 있었다.

1998년 파이어와 멜로의 논문 이후에 여러 연구팀의 결과가 더해지면서 RNA간섭 과정이 자세히 밝혀졌다. 먼저 상보적인 두 가닥의 RNA(센스RNA와 안티센스RNA)가 결합해 이중 가닥 mRNA를 형성한다. 이중 가닥 mRNA가 세포 내로 들어가면, 다이서^{Dicer}라는 효소와 만난다. 다이서는 긴 mRNA를 약 20~25뉴클레오타이드 길이의 짧은 조각으로 자른다. 이렇게 만들어진 작은 mRNA 조각은 리스크^{RNA-induced silencing complex, RISC}라고 불리는 단백질 복합체와 결합한다. 리스크는 작은 mRNA 조각 중 한 가닥(주로 안티센스 가닥)만을 선택해서 보존하고 나머지 가닥은 버린다. 리스크와 결합한

1 상보적인 두 가닥의 RNA(센스RNA 와 안티센스RNA)가 결합해 이중 가닥 mRNA를 형성한다.

이중 가닥 RNA

2 이중 가닥 mRNA가 세포 내로 들어가 면, 다이서라고 불리는 효소와 만난다.

다이서

3 다이서는 긴 mRNA를 약 20~25뉴클레 오티드 길이의 짧은 조각으로 자른다. 이렇게 만들어진 작은 mRNA 조각은 리 스크라는 단백질 복합체와 결합한다.

리스크

4 리스크는 작은 mRNA 조각 중 한 가닥 (주로 안티센스 가닥)만을 선택해서 보 존하고 나머지 가닥은 버린다.

리스크

mRNA

5 리스크와 결합한 mRNA 가닥은 세포 내에서 자신과 상보적인 서열을 가진 mRNA를 발견하면 mRNA에 결합해서 자른다.

6 잘린 mRNA는 분해되어 없어진다. 결 국 리스크 복합체에 의해 잘리고 분해된 mRNA는 단백질을 발현하지 못한다.

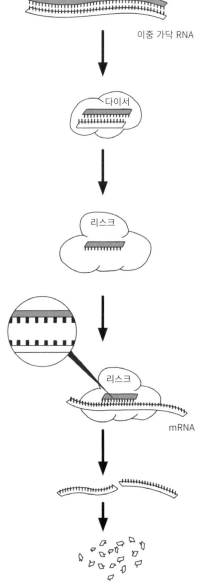

그림 5-2 RNA간섭이 일어나는 과정

mRNA 가닥은 세포 내에서 자신과 상보적인 서열을 가진 mRNA를 발견하면 이 mRNA에 결합해서 자른다. 잘린 mRNA는 분해되어 없어진다. 결국 리스크 복합체에 의해 잘리고 분해된 mRNA는 단백질을 발현하지 못한다. 이렇게 특정 유전자의 발현을 침묵시키는 것이 RNA간섭이다.

파이어와 멜로의 1998년 논문 이전에 이와 유사한 RNA 조절 과정 결과가 보고되었다. 1993년 빅터 앰브로스Victor Ambros 연구팀과 개리 러브컨Gary Ruvkun 연구팀은 각각 《셀》에 miRNAmicroRNA, 마이크로RNA를 발견한 사실을 알렸다.[7] 두 연구팀은 파이어와 멜로 연구처럼 예쁜꼬마선충을 이용했다.[8] 파이어와 멜로 연구팀이 발견한 RNA간섭은 외부에서 합성해서 세포에 넣어준 siRNA에 의해 타깃 mRNA와 상보적으로 결합해 단백질 발현을 조절하는 것이었다. 반면 앰브로스와 러브컨 연구팀이 발견한 miRNA의 경우에는 DNA 염기서열에 따라 생체 내에서 생성되어 타깃 mRNA와 상보적으로 결합해 단백질 발현이 조절된다. 즉 생명체는 자신에게 필요한 단백질을 적절히 생성해야 하는데, siRNA와 miRNA가 mRNA의 양을 조절해서 생체 내 단백질 양을 조절하는 것이다. 뒤이어 두 연구팀의 연구를 소개하겠다.

단백질로 번역되지 않지만 중요한 miRNA

생명을 정보 관점에서 보았을 때 DNA는 정보의 시작이다. DNA에서 RNA로, 다시 RNA에서 단백질로 정보가 전달되는 생명의 정보 전달 과정을 중심 원리라고 한다. 중심 원리가 대체로 맞기는 하지만, 지금은 정보가 한 방향으로만 흐르지는 않는다고 본다. DNA가 절단되거나 염기가 손실되었을 때 DNA를 복구하는 과정에 여러 RNA와 단백질이 관여하기도 한다. 또한 비번역RNA^non-codingRNA는 단백질 합성을 위한 직접적인 정보는 전달하지 않지만, 유전자 발현과 세포 기능 조절에 관한 중요한 생물학적 정보를 전달하고 조절한다.

1993년 앰브로스 연구팀과 러브컨 연구팀이 예쁜꼬마선충의 발달에 관여하는 유전자인 lin-4와 lin-14를 보고한 두 논문을 나중에

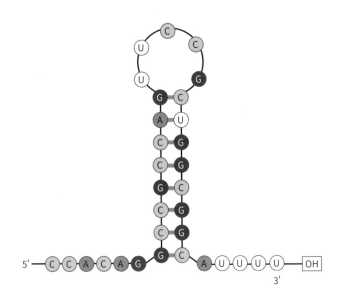

그림 5-3 대장균에 있는 mRNA 일부분의 머리핀 구조

miRNA라고 이름 붙은, 단백질 합성에 직접적인 기여는 하지 않지만 간접적인 영향을 주는 비번역RNA를 처음 발견한 논문으로 본다. 2000년에는 개리 러브컨 연구팀이 예쁜꼬마선충에서 lin-4와 똑같이 기능하는 let-7 RNA를 발견했다고 발표했다.9 앞에서 설명했듯이 1993년과 2000년에 발표된 논문에서 예쁜꼬마선충의 siRNA 조각이 다른 RNA의 단백질 발현을 조절한다는 게 알려졌다. 이후에 초파리, 생쥐, 사람 등 다른 생명체에서도 동일한 조절 과정이 있음이 밝혀지면서 miRNA로 명명되었다.

miRNA 발생 과정을 간략히 설명하면 다음과 같다. 먼저 핵 안에 있는 miRNA 유전자에서 RNA 중합효소II에 의해 머리핀 구조를 갖는 초기 마이크로RNApri-miRNA가 전사되어 생성된다. 한 가닥 RNA가 아데닌-우라실, 구아닌-시토신이 상보적으로 결합되면서 머리핀 구조를 형성한다. 이렇게 생성된 pri-miRNA의 길이는 일반적으로 염기쌍 1,000개보다 길다. pri-miRNA는 DGCR8DiGeorge syndrome Critical Region 8 단백질에 인식되고 드로샤에 의해 잘려 60~70염기쌍 정도 길이의 전구체 마이크로RNApre-miRNA가 된다. pre-miRNA는 엑스포틴-5Exportin-5 단백질에 의해 핵 밖으로 나와 세포질로 이동한다. pre-miRNA는 RNA 분해효소IIIRNase III인 다이서에 의해 뉴클레오타이드 22개 길이의 miRNA 듀플렉스duplex가 된다. miRNA 듀플렉스는 리스크의 아르고너트Argonaute, Ago 단백질과 결합해 듀플렉스 구조가 풀린다. 이 과정에서 듀플렉스 수송 가닥 duplex passenger strand이 제거된다. 남은 단일 가닥 miRNA는 아르고너트 단백질과 결합한 복합체인 리스크가 되어 타깃이 되는 mRNA에 작용해서 번역 과정을 억제하거나 mRNA를 절단하기도 한다.[10]

국내에서는 서울대학교 김빛내리 교수 연구팀이 miRNA에 대한 연구 결과를 발표하고 있다. 특히 2003년에 pri-miRNA를 인식해 뉴클레오티드 70여 개 길이의 pre-miRNA로 만드는 데 관여하는 리보뉴클레이스인 드로샤를 발견했다.[11] 이후에도 드로샤의 특성을 밝히는 연구를 계속 진행하고 있다.

유전자 발현을 제어하는 siRNA와 miRNA는 비슷하면서도 다르다. siRNA와 miRNA 모두 약 22뉴클레오타이드 길이의 짧은 RNA이고, 타깃 mRNA와 상보적으로 결합해 단백질 발현을 억제한다. 또한 둘 다 리스크의 구성 요소 중 하나인 아르고너트 단백질에 결합한다. 그러나 둘 사이에 차이도 있다. siRNA는 화학적으로 합성되어 외부에서 생체 안으로 도입되지만, miRNA는 DNA에 있는 유전 정보를 이용해 생체 내에서 생성된다. 또한 siRNA는 타깃 mRNA와 20뉴클레오타이드 이상 결합해 mRNA 하나만을 특정해서 결합하는 반면 miRNA는 6~7뉴클레오타이드만 결합해도 mRNA 발현을 억제할 수 있어서, 하나의 miRNA가 200개 이상의 mRNA와 결합할 수 있다. 현재 인체에서 1,000개가 넘는 miRNA가 발견되었고, 200여 종이 넘는 생명체에서 4만 개 이상의 miRNA가 확인되었다. 결국 miRNA는 유전자 발현을 조절하는 비번역RNA로, 단백질을 발현하는 mRNA를 억제하거나 분해해 단백질 생성 과정을 조절한다. 이를 통해 세포 발달, 생명체의 존속, 질병 유발 또는 치료 등에 중요한 역할을 한다.

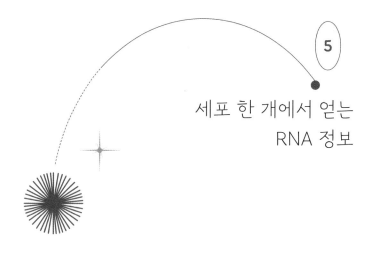

세포 한 개에서 얻는
RNA 정보

　생물물리학자는 세포 안에 RNA가 몇 개나 있는지 궁금해한다. RNA 개수가 특정 유전자의 발현 수준을 나타내기 때문이다. RNA 개수가 많다는 것은 유전자가 활발히 발현되고 있다는 뜻이어서 RNA의 비정상적인 증가나 감소는 질병을 진단하는 바이오마커로 활용될 수 있다. 예를 들어 암 관련 RNA가 증가한다면 종양이 발생할 가능성이 있다고 추정할 수 있다.

　세포 안에 특정 RNA가 얼마나 있는지 개수를 세기 위해 생물물리학자들은 RNA에 상보적으로 결합하는 탐침이나 표지를 세포에 주입한다. 탐침이나 표지에는 일반적으로 형광염료가 결합해 있어서 특정 파장 대역에서 나오는 신호를 검출해서 RNA 개수를 셀 수 있다.

최근에는 세포 하나만 따로 분리해 그 안에 있는 여러 RNA를 분석할 수 있는 단일 세포 RNA 서열 분석 기술이 활용되고 있다. 생명체가 어떠한 기능을 하거나 질병에 걸렸을 때 여러 RNA가 관련되기 때문에 RNA를 한꺼번에 분석할 필요가 있다.

초기에는 여러 세포가 결합한 생체 조직을 화학적으로 분쇄한 다음, 그 안에 있는 RNA를 분석하는 방법이 활용되었다. 하지만 이 방법으로는 세포 한 개에 있는 RNA를 알 수 없었다. 최근에는 세포 하나만 따로 분리해서 분석하는 단일 세포 방법이 활용되고 있는데, 분석하려면 세포를 분쇄해야 하므로 이 방법으로도 세포 내 RNA의 공간 정보는 알 수 없다. 그래서 세포나 조직을 분해하지 않은 상태에서 RNA 개수를 셀 수 있는 공간 단일 세포 RNA 서열 분석spatial single cell RNA sequencing 기술도 활용되고 있다. 생물물리학자들은 형광공명에너지전달을 포함해 RNA 개수를 정확하게 측정할 수 있는 장비와 기술을 개발하고 있으며, 수십만 개의 세포에서 측정된 수십 종류의 RNA를 빅데이터로 처리할 수 있는 분석 알고리즘을 개발하는 연구도 수행한다.

하나의 세포에서 RNA 정보를 얻으면 무엇을 알 수 있을까? 연구자들은 그 답으로 인체 세포 지도를 제시했다. 2022년 6월 《사이언스》에 인간 세포 지도Human Cell Atlas 연구 결과가 여러 편의 논문으로 발표되었다.[12] 한 사람에게서 시료를 기증받아 상피세포나 면역세포 같은 세포로 분류한 다음, 단일 세포 RNA 서열 분석을 통해 세포 유전자를 분석했다. 그러면 개인에 따른 유전자 차이, 나이, 습관, 환경 등의 변수를 통제하면서 세포와 조직을 비교할 수 있다.

2023년 7월 《네이처》에는 인간 생체분자 지도 프로그램Human BioMolecular Atlas Program 연구 결과도 여러 편의 논문으로 발표되었다.13 이 연구는 그 주에 발행되는 《네이처》의 표지 그림으로 실렸으며, 인체의 장, 신장, 태반에 있는 세포의 분포와 기능을 밝혔다. 인체 장기가 세포로 구성되어 있다는 걸 생각하면 세포 지도를 통해 장기에 발생하는 질병을 치료할 단서를 얻을 수 있다.

인간을 포함한 다세포생물은 하나의 수정란에서 다양한 기능을 하는 세포로 분화된 결과다. 체세포가 분열할 때 두 세포는 동일한 DNA 정보를 담고 있다. 물론 생식세포는 DNA가 절반이 된다. 수정란 하나가 어떻게 다양한 기능을 하는 세포로 분화되는 걸까? 이 질문의 답을 찾는 연구가 최근 주목받고 있는 단일 세포 RNA 서열 분석이다.

한 생명체가 지닌 유전정보의 총체는 개체가 발생하고 성장하고 늙어가는 과정에서 변하지 않는다. 하지만 DNA, RNA, 단백질을 통해 활성화된 유전체 정보는 시간에 따라 변한다. 4장에서 다룬 대로, DNA 복구 과정이 정확하게 진행되지 않아 DNA 염기서열이 달라지고 그에 따라 암이 발생하기도 한다. 이때 유전자 발현은 시간에 따라 변하며 공간적으로도 균질하지 않다. 생명체가 세포, 조직, 기관으로 규모가 증가할 때마다 유전자의 스위치가 켜지거나 꺼진다. 그래서 세포 내부에서 발현된 유전자의 양, 시간 순서, 공간 분포에 따라 다양한 물질로 구성될 수 있다. 다양한 세포의 종류와 분화 과정을 이해하기 위해서는 세포에 있는 유전자 프로필을 알아야 한다.

DNA에 들어 있는 유전자가 발현되기 위해서는 전사를 통해 RNA가 생성되어야 한다. 특정 세포에 있는 RNA의 총체인 전사체를 파악할 수 있다면 유전자 발현 프로필도 알 수 있다. 1995년, 스탠퍼드대학교 패트릭 브라운Patrick O. Brown 연구팀이 전사체 분석을 처음으로 수행해서 《사이언스》에 발표했다.[14] 이 연구팀은 마이크로어레이microarray 기법을 개발해 개별 RNA가 아닌 전사체 수준에서 유전자 발현을 분석했다.

마이크로어레이란 수많은 유전자에 대한 탐침이 배열되어 있는 DNA 칩(인간 유전자의 짧은 염기들을 배열해놓은 것)이다. 탐침은 짧은 염기서열을 포함하고 있어 상보적인 염기서열을 지닌 DNA와 결합할 수 있다. 형광 신호를 이용하면 어떤 탐침에 DNA가 얼마나 결합했는지 정량적으로 분석할 수도 있다.

이와 같은 실험으로 얻은 방대한 양의 유전자 발현 데이터를 분석하기 위해 생물정보학bioinformatics 연구자들이 분석 알고리즘을 개발하고 있는데, 그중에서 가장 유명한 소프트웨어로 R 기반의 쇠라Seurat와 파이선 기반의 스캔파이Scanpy가 있다. 특히 쇠라는 코딩에 익숙하지 않은 실험 연구자도 튜토리얼을 보면서 따라 할 정도라,

단일 세포 RNA 서열 분석 연구에 많이 활용되고 있다.

생체 조직을 분해해서 세포를 관찰하는 단일 세포 RNA 서열 분석은 세포 내의 RNA 개수만 알아낼 수 있으며, RNA가 생체 조직에서 어떤 위치에 있는지는 알 수 없다. RNA 발현이 시간에 따라 변화한다면 공간적인 분포도 변하므로 RNA의 공간 분포는 매우 중요한 정보다.

그래서 조직 내 RNA 위치 정보까지 알 수 있는 공간 단일 세포 RNA 서열 분석이 활용된다. 분석을 위해 먼저 생체 조직을 수십에서 수백 마이크로미터 크기의 절편으로 만든 다음 면역염색을 해서 조직의 부위를 확인하고 단일 세포 RNA 서열 분석을 수행한다.

연구 방법론과 기술을 주로 다루는 저명한 학술지인 《네이처 메소즈》에서는 이 기술을 2020년 올해의 기술로 선정하면서 관련 연구자들을 인터뷰한 기사를 실었다.15 연구자들은 단일 세포 RNA 서열 분석을 스무디, 과일샐러드, 과일 타르트에 빗대어 설명했다.

과거에는 생체 조직에서 RNA 정보를 알고 싶을 때, 조직을 블루베리 스무디처럼 갈아서 그 안에 있는 RNA 정보를 확인했다. 이런 벌크bulk RNA 서열 분석은 생체 조직에 있는 RNA를 뭉뚱그려 알 수밖에 없다. 단일 세포 RNA 서열 분석은 과일샐러드와 같아서, 야채와 과일이 섞여 있지만 그중에서 원하는 것만 골라 먹듯 특정 세포에서 발현되는 전사체 정보를 세포마다 구별해서 알 수 있다. 한편 공간 단일 세포 RNA 서열 분석은 과일 타르트와 같아서, 과일이 어디에, 얼마나 있는지 위치와 양을 알 수 있듯이 조직 내 특정 위치에 있는 세포의 전사체 정보를 확인할 수 있다.

단일 세포 RNA 서열 분석 방법 중에서 드롭 서열 분석Drop-seq 기술은 미세유체microfluidic 장치를 이용해 세포를 하나씩 통과시키면서 세포 하나와 비드 하나를 막으로 감싸서 방울로 만든 후, 세포를 터트려 RNA 정보를 분석하는 방법이다. 비드에는 RNA와 결합할 수 있는 시발체 또는 프라이머가 붙어 있어서 세포에서 나온 RNA를 검출할 수 있다.

또 다른 방법으로는 생체 시료의 영상을 얻어 RNA 정보를 확인하는 다중 오류 감소 형광 현장 혼성multiplexed error-robust fluorescence in situ hybridization, MERFISH 기술이 있다. 이 기술은 기존에 사용되던 형광 현장 혼성fluorescent in situ hybridization, FISH 기술에 오류를 줄일 수 있는 방법을 결합한 것이다. 형광 현장 혼성 기술은 일반적으로 세포 내에 있는 mRNA의 개수를 세는 방법이다. 개수를 세려고 하는 mRNA의 서열과 상보적으로 결합하는 안티센스RNA를 합성하고 그 끝에 형광염료를 붙여 탐침을 만들어 세포나 생체 조직 안에 넣어주면, mRNA와 안티센스RNA가 결합해서 이중 가닥을 만든다. 여기에 형광염료의 파장에 맞는 광원을 입사하고 형광염료가 방출하는 신호를 검출하면 된다. 일반적으로 mRNA는 뉴클레오타이드 수백 개보다 길기 때문에 탐침도 길게 만들어 mRNA와 결합하면 두 가닥이 강하게 결합한다. 또는 짧은 탐침을 한꺼번에 여러 개 넣어주면 mRNA 하나에 여러 개의 탐침이 결합해서 강한 형광 신호를 얻을 수 있다. 형광 현장 혼성 방법은 측정하려는 mRNA 서열에 따라 탐침을 설계하기도 쉽고, 일반적인 형광현미경으로도 신호를 관찰할 수 있어서 지금도 자주 사용된다.

다중 오류 감소 형광 현장 혼성 기술은 기존 형광 현장 혼성 기술을 사용해 검출한 신호들을 0과 1을 조합한 코드로 만들고, 이 코드의 오류를 줄이는 것이다.[16] 이 기술은 하버드대학교 좡샤오웨이莊小威, Xiaowei Zhuang 연구팀에서 개발했는데, 이곳은 2000년대 중반 STORM 방식의 초고해상도 현미경을 개발해 유명한 곳이다.

우선 mRNA와 결합할 수 있는 탐침에 형광염료를 결합해서 생체 시료에 넣어주고 신호를 관찰한다. 첫 번째 영상에서는 1, 3, 4번 mRNA에서만 신호를 얻었고 2번에서는 신호가 검출되지 않았다. 두 번째 영상에서는 모든 mRNA에서 신호가 검출되었다. 이때 신호가 검출되면 1, 검출되지 않으면 0으로 표시한다. 이 과정을 여러 번 반복하면 mRNA마다 고유의 바코드를 만들 수 있는데, 이를 이용해 RNA 정보를 얻는다. 최근 좡 연구팀은 이 기술을 이용해 생쥐 뇌의 신경 네트워크를 단일 세포 수준에서 연구한 결과를 발표했다.[17]

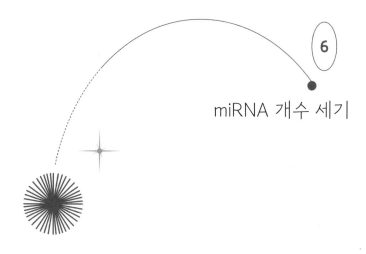

miRNA 개수 세기

miRNA는 유전자 발현을 조절하는 기능을 담당한다. 특정 miRNA의 개수가 변하면 그 miRNA의 영향을 받는 유전자의 발현이 달라질 수 있다. 또한 miRNA는 세포 분화, 증식, 사멸에 관여하기 때문에 개수 변화는 세포의 기능에도 영향을 준다. 특정 질병을 유발하는 유전자의 발현에 miRNA가 개입하면 그 개수가 바뀌면서 질병의 양상이 달라질 수 있으므로, 질병에 관여하는 miRNA의 기능을 알아내서 치료제를 개발하거나 질병을 진단하는 바이오마커로 사용할 수 있다.

그렇다면 하나의 세포에는 miRNA가 몇 개나 있을까? mRNA의 개수를 셀 때는 앞에서 언급한 형광 현장 혼성 기술을 주로 사용한다. 반면 miRNA의 길이는 일반적으로 19~24개의 뉴클레오타이드로, mRNA에 비해 짧다. mRNA 개수를 세는 데 사용했던 형광 현장 혼성 기술을 그대로 이용하면 mRNA와 탐침의 결합 시간이 짧아서 형광 신호를 검출하기 어렵다.

최근 서울대학교 홍성철 교수 연구팀은 miRNA 개수를 20배 이상 빠르게 셀 수 있는 방법을 발표했다.[18] 형광 현장 혼성은 miRNA와 상보적으로 결합하는 안티센스RNA인 탐침을 생체 시료에 그대로 넣기 때문에 miRNA를 검출하는 효율도 떨어지고 다수는 검출하지 못할 것이라고 추정했다. 그래서 탐침과 아르고너트 단백질을 섞어서 리스크 단백질 복합체를 만들어 시료에 넣는 방법을 생각해냈다. 그랬더니 탐침만 넣는 것보다 효율이 높아졌는데, 타깃 RNA를 지워버리는 RNA간섭 현상을 이용했기 때문이다.

연구팀은 시험관에서 실험하는 생체 외 조건에서 이 방법을 검증한 다음, 대표적인 인체 암세포인 헬라Hela 세포에서 miRNA 개수를 셌다. 목표는 miRNA 발견 초기부터 주목받았던 let-7 RNA였다. 연구팀은 let-7 miRNA 중에서 let-7a의 개수를 세기로 결정하고, 염기서열이 약간 다른 let-7c를 대조군으로 삼았다. 리스크 단백질 복합체가 let-7a를 검출하면서 동시에 let-7c는 검출하지 않는지 확인했다.

실험 결과, 리스크 단백질 복합체가 let-7a를 효율적으로 검출하는 동시에 let-7c는 검출한 비율이 낮았다. 결국 RNA간섭 현상을 이용하면 miRNA 개수를 정량적으로 분석할 수 있다. 이 연구팀은 2022년 형광에너지공명전달과 형광 현장 혼성 기술을 결합해 miRNA 개수를 더 효율적으로 측정할 수 있는 기술도 개발했다.19

6장

단백질 물리학

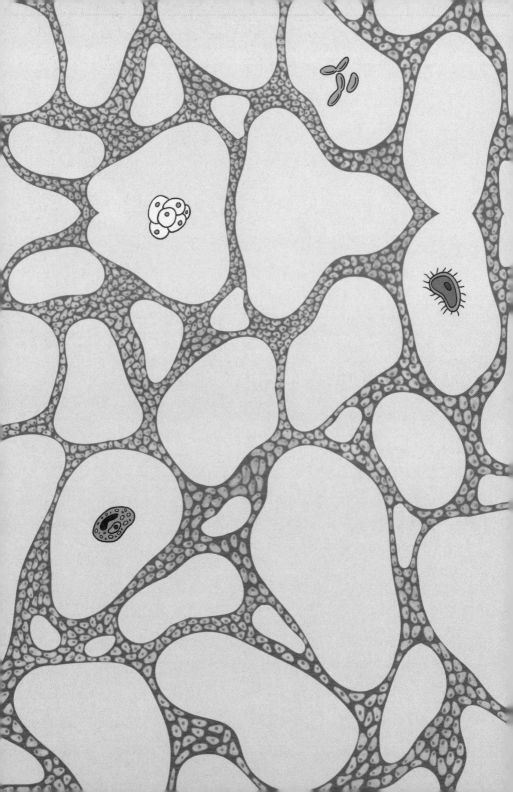

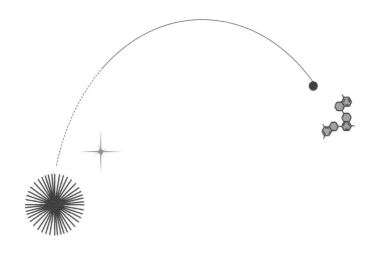

이 장에서는 생물학, 물리학, 생물물리학 연구자들이 단백질 구조를 연구하고 실험한 결과를 살펴본다. 브래그 법칙을 이용한 엑스선 결정학 단백질 측정 장비부터 인공지능을 이용한 구조 예측까지, 단백질의 구조를 알아내는 건 특히 생물물리학의 주요 연구 주제다. 단백질을 실험해서 구조를 알아내거나 실험 데이터를 학습해서 단백질 구조를 예측하는 연구 과정은 이론과 실험의 결합이라는 물리학의 전통과도 일치한다. 이론과 실험을 결합하는 물리학의 특징은 DNA 이중나선 구조를 밝힐 때도 똑같이 적용되었다.

단백질의 구조를 분석하고 예측하는 이유는 신약 개발을 위한 후보 물질을 찾고 분자생물학적 과정을 측정하기 위해서다. 다시 말해 단백질 구조 분석은 생물물리학의 쓸모를 보여주는 연구다. 생물물리학은 생명현상을 나노미터 수준에서 이해해서 질병을 치료하는 새로운 물질을 개발하는 데 기여한다. 최근에는 인공지능을 이용한 단백질 구조 분석을 포함해 단일 세포 RNA 서열 분석까지, 생물학 연구에서 계산이 중요해지면서 계산생물학computational biology이라는 분야가 등장했다. 그리고 연구 과정에서 생물물리학과 계산생물학이 하나로 융합되고 있다.

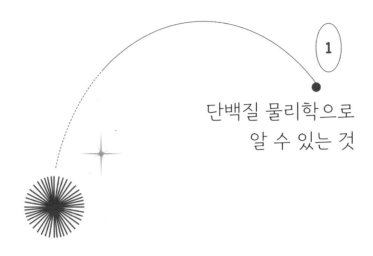

단백질 물리학으로
알 수 있는 것

생명 정보는 DNA, RNA, 단백질로 전달되는데, 실제 기능은 대부분 단백질이 담당한다. 생명 정보는 DNA, RNA, 단백질이 네트워크를 이루고 전달한다는 것이 지금까지 밝혀진 내용이다. 5장에서 살펴보았듯이 생명의 기원이 RNA에서 시작되었다는 RNA 세계 가설이 등장했는데, 아직 이 가설을 입증할 만한 강력한 증거가 제시되지는 않았지만 어쨌든 DNA가 아니라 RNA가 먼저라는 생각은 흥미롭다.

DNA에서 RNA가 생성되는 과정을 전사라고 하고 RNA에서 아미노산이 생성되어 단백질이 만들어지는 과정을 번역이라고 한다. 세 개의 RNA 염기쌍이 모여 하나의 아미노산이 되는데, RNA는 네 개의 염기가 있기 때문에 4×4×4=64종류의 아미노산이 가능하다.

하지만 대체로 한 생명체에 아미노산은 20종류가 있다. mRNA에 있는 하나의 아미노산을 지정하는 세 자리 유전 부호를 코돈codon이라고 하며, RNA 가닥의 5′ 방향에서 3′ 방향으로 읽는다. mRNA에서 단백질 정보는 항상 개시 코돈에서 시작해 종결 코돈에서 끝나며, 번역 과정도 개시 코돈에서 시작해 종결 코돈에서 끝난다.

아미노산은 물과 가까운 친수성과 그렇지 않은 소수성으로 나뉘며, 생명체는 대부분 물로 채워져 있어서 친수성 아미노산은 단백

두 번째 염기

첫 번째 염기		U		C		A		G		세 번째 염기
U	UUU	페닐알라닌	UCU	세린	UAU	타이로신	UGU	시스테인	U
	UUC		UCC		UAC		UGC		C
	UUA	류신	UCA		UAA	종결 코돈	UGA	종결 코돈	A
	UUG		UCG		UAG		UGG	트립토판	G
C	CUU	류신	CCU	프롤린	CAU	히스티딘	CGU	아르지닌	U
	CUC		CCC		CAC		CGC		C
	CUA		CCA		CAA	글루타민	CGA		A
	CUG		CCG		CAG		CGG		G
A	AUU	아이소류신	ACU	트레오닌	AAU	아스파라진	AGU	세린	U
	AUC		ACC		AAC		AGC		C
	AUA		ACA		AAA	라이신	AGA	아르지닌	A
	AUG	메티오닌 (개시 코돈)	ACG		AAG		AGG		G
G	GUU	발린	GCU	알라닌	GAU	아스파트산	GGU	글리신	U
	GUC		GCC		GAC		GGC		C
	GUA		GCA		GAA	글루탐산	GGA		A
	GUG		GCG		GAG		GGG		G

그림 6-1 20개의 아미노산이 배열된 코돈표

질 바깥에 위치하고, 소수성 아미노산은 물을 피해 단백질 안쪽에 들어간다. 물과의 친밀도에 따라 아미노산이 배치되면서 복잡한 구조를 지닌 단백질이 되는 것이다.

단백질은 구조에 따라 효소, 수용체, 운반체 등 다양한 역할을 수행한다. 또한 DNA나 RNA를 포함한 여러 생체 분자와 결합하고 상호작용하면서 세포 내 신호전달과 대사 과정에 관여한다. 이처럼 생명현상에 중요한 단백질 구조를 알아내기 위해 최근에는 인공지능을 이용하기도 한다.

단백질 구조를 살펴보려면 결정을 만들어야 한다. 결정을 만드는 여러 방법이 있는데 그중 하나는 대장균을 이용하는 것이다. 먼저 구조를 분석하려는 단백질의 유전자를 적절한 발현 벡터vector에 삽입한 다음, 플라스미드plasmid를 대장균에 도입해서 대장균을

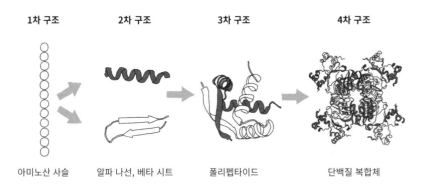

1차 구조	2차 구조	3차 구조	4차 구조
아미노산 사슬	알파 나선, 베타 시트	폴리펩타이드	단백질 복합체

그림 6-2 아미노산부터 단백질 복합체까지 과정

대량 배양해 단백질 발현을 유도한다. 여기서 벡터는 특정 유전자를 숙주 세포에 전달하고 발현하도록 설계된 DNA 분자다. 플라스미드는 세포에서 독립적으로 복제될 수 있는 작고 원형의 이중 가닥 DNA 분자로, 숙주의 DNA와는 별도로 존재한다. 그 후 원심분리기를 이용해 세포를 얻은 다음 초음파 분쇄 등을 이용해 세포를 부순다. 마지막으로 원심분리기나 크로마토그래피를 이용해 원하는 단백질만 정제해 결정으로 만든다.

단백질 결정은 동일한 단백질 분자가 규칙적으로 배열된 것으로, 단위 격자가 주기적으로 반복되는 형태다. 단백질 결정 데이터를 측정하는 데는 엑스선 결정학 장비나 핵자기공명 장치를 활용한다. 단백질은 반응성이 높아서 생명체 내에서는 대부분 다른 물질과 결합해 있기에 순수한 단백질만 분리하기가 어렵다. 연구에 필요한 단백질 결정을 만들고 정제하는 데 시간과 노동이 많이 필요해서, 엑스선 결정학 장비나 핵자기공명 장치로 직접 측정해서 단백질 구조를 분석하는 실험 연구는 진전이 느린 편이었다.

그 대신 단백질 구조를 수학적으로 계산해서 알아내려는 연구가 있었다. 1972년 노벨화학상을 수상한 크리스티안 안핀센Christian Anfinsen은 다양한 단백질 구조 중에서 열역학적으로 가장 안정적인 상태가 우리가 볼 수 있는 단백질일 것이라는 가설을 제시했다.[1] 열역학적으로 가장 안정적인 아미노산 서열 구조를 찾으면 단백질 구조도 알 수 있다는 뜻이다. 예를 들어 소수성 아미노산은 단백질 내

부로 이동해 물과의 접촉을 최소화하면서 전체 시스템의 안정성이 증가하는 방향으로 작동한다. 이때가 열역학적으로 가장 안정적인, 엔트로피가 높은 상태다. 실제로 일부 단백질 구조는 이 가설에 의해 풀리기도 한다. 하지만 열역학적으로 가장 안정적인 상태가 무엇인지 정의하기 어려웠다. 다시 말해 주변 영역에 비해 상대적으로 안정적인지, 아니면 가질 수 있는 모든 구조 중에서 안정적인지 명확하지 않았던 것이다.

그러다가 알파고로 유명한 구글 딥마인드가 딥러닝을 이용한 단백질 구조 예측 알고리즘인 알파폴드를 발표하면서 상황이 달라졌다. 이전에도 인공지능을 이용한 구조 분석 프로그램이 일부 있었지만, 알파폴드는 단백질 구조 예측 경쟁에서 압도적으로 뛰어난 성과를 보이면서 주목받았다. 알파폴드의 세부 알고리즘은 2021년 《네이처》에 두 편의 논문으로 발표되었다.

아미노산 서열을 바탕으로 단백질의 3차원 구조를 예측하는 한편, 이 과정을 역으로 돌려서 세상에 없던 단백질을 설계하는 작업도 시도되고 있다. 지금까지 알려지지 않은 단백질 구조, 어쩌면 지구에는 존재하지 않는 단백질도 디자인할 수 있는 단계에 접어든 것이다. 형광단백질이 좋은 예다.

생명현상을 연구하는 데 형광단백질이 많이 사용된다는 사실은 이 책에서 이미 여러 번 설명했다. 형광단백질은 특정 파장의 빛을 받으면 그보다 긴 파장의 빛을 방출하므로 형광단백질에 입사한 빛과 방출되는 빛의 색이 다르다. 관심 있는 단백질을 선택한 다음, 기존 연구나 데이터베이스를 통해 단백질의 정보를 확인하여 이 단백질을 만드는 DNA의 위치와 서열을 알아낸다. 그리고 관찰하려는 DNA나 RNA에 형광단백질 염기서열을 삽입한다. 그러면 관심 있는 단백질과 형광단백질이 하나로 연결된 융합 단백질이 발현되고, 세포 내에서 이 단백질이 발현될 때 형광단백질도 함께 발현된다. 그래서 관찰하려는 단백질의 발현량, 발현 시기, 단백질이 다른 물질과 상호작용하는 동역학 과정을 관찰할 수 있다.

가장 먼저 등장한 형광단백질은 녹색 빛을 방출하는 녹색 형광단백질로,2 해파리에서 분리되었다. 지금은 다양한 파장의 형광단백질이 많이 개발되어 있어서 연구자가 활용할 수 있는 현미경이나 측정 장비, 관찰하려는 단백질의 특성이 어떠한지를 고려해서 형광단백질을 선택할 수 있다.

단백질은 생명체의 기능 대부분을 담당하는 분자다. 그래서 생물물리학자는 단백질에 관심이 많다. 세포막에 있으면서 세포 내부와 외부의 물질대사에 관여하는 막단백질이나 각종 질병의 요인인 단백질 등 생물물리학에서는 단백질의 시간과 공간에 따른 변화, 다른 단백질이나 핵산과의 상호작용을 연구한다.

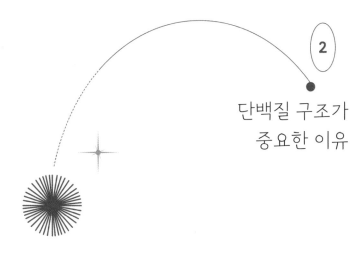

2

단백질 구조가
중요한 이유

단백질을 구성하는 아미노산 정보는 DNA와 RNA를 거쳐 전달된다. 예를 들어 DNA 염기서열인 ATG는 RNA로 전사되면 AUG가 되는데, 이는 '메티오닌'이라는 아미노산을 만들라는 신호다. 하지만 이것만으로는 단백질의 기능이 결정되지 않는다. 또 다른 예로 ATG CAC GAA라는 DNA 염기서열이 RNA로 전사되면 AUG CAC GAA가 되고 '메티오닌-히스티딘-글루탐산'이라는 세 개의 아미노산을 순서대로 합성한다. 그러나 이 세 개의 아미노산만으로 특정한 기능을 하는 단백질이 되지는 않는다.

단백질이 기능을 하기 위해서는 수십에서 수백 개의 아미노산이 특정 순서로 연결되어야 하며, 그 후에도 3차원 구조로 접혀야한다. 결국 DNA와 RNA는 단백질을 구성하는 아미노산의 종류와 순서에 대한 정보는 제공하지만, 그 자체로 단백질의 최종 구조나 기능을 결정하지는 않는다. 그러니까 DNA와 RNA 외의 다른 요소도 단백질 기능에 중요한 역할을 한다는 뜻이다.

단백질 구조의 기본 정보는 아미노산 서열이다. 앞에서, 아미노산은 물과의 반응성에 따라 친수성인지 소수성인지 구분된다고 설명했다. 대부분의 생명체가 물을 포함하고 있으므로 물에 어떻게 반응하는지는 중요한 문제다.

단백질을 결정으로 만들면 엑스선에 의해 방출되는 신호가 중첩되거나 간섭되면서 패턴이 생성된다. 단백질을 결정화하면 수많은 단백질 분자가 규칙적으로 배열되어 엑스선과 강하게 상호작용

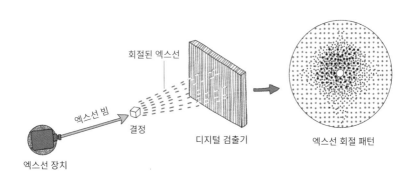

그림 6-3 엑스선 결정학을 이용한 측정.
회절 패턴에서 점의 위치는 단백질 결정에 있는 원자의 규칙적인 배열을 반영한다.
점 사이의 거리와 각도는 단백질 구조의 주기성과 대칭성에 대한 정보를 제공한다.
각 점의 밝기나 강도는 특정 방향으로 회절된 엑스선의 양을 나타낸다.
이는 원자의 종류와 위치에 대한 정보를 담고 있다.

하기 때문에 보강간섭을 통해 선명한 회절 패턴이 형성된다. 즉 단백질을 결정으로 만들면 단백질 분자 한 개로는 얻기 어려운 고해상도 구조 정보를 얻을 수 있다. 그러므로 단백질 구조를 알아내려면 먼저 단백질 결정을 만들어야 한다. 회절 패턴을 검출기로 기록해 분석하여 단백질 구조를 알아내는 것을 단백질 결정학Crystallography 이라고 하고, 이는 구조생물학에 속한다.

단백질 결정에 엑스선을 쪼이면 나타나는 회절 패턴은 브래그 법칙으로 설명할 수 있다.3 먼저 결정에 위상이 동일한 두 평행광이 입사한다고 하자. 다른 두 평면에 있는 원자에서 평행광이 반사될 때 두 광경로는 $2d\sin\theta$만큼 차이가 난다. 광경로의 차이가 파장의 정수배일 때 보강간섭이 발생한다. 여기서 광경로란 빛이 광원에서 출발해 렌즈나 거울 등의 광학 부품을 통과해 최종적으로 검출기에 도달하는 경로를 말한다. 이 조건을 식으로 표현하면 다음과 같다.

$$m\lambda = 2d\sin\theta$$

여기서 m은 양의 정수이고, d는 두 원자 간 거리다.

단백질 구조를 분석하는 실험 장치를 간략하게 표현하면 그림 6-3과 같다. 엑스선이 출력되어 단백질 결정에 입사되면, 브래그 법칙에 따라 엑스선이 회절되어 디지털 검출기에 기록되고, 검출기에 기록된 데이터를 분석해서 엑스선 회절 패턴을 얻는다. 회절 패턴은 밝거나 어두운 점의 배열로 나타나는데, 점의 위치는 단백질 결정 내 원자의 규칙적인 배열을, 점 사이의 거리와 각도는 단백질 구조의 주기성과 대칭성을 드러낸다. 또한 각 점의 밝기나 강도는 특정 방향으로 회절된 엑스선의 양을 나타내므로, 원자의 종류와 위치에 대한 정보를 담고 있다.

회절 패턴을 수학적으로 처리하면 단백질의 전자밀도 맵을 얻을 수 있다. 이 전자밀도 맵은 3차원 공간에서 전자의 분포를 보여주며, 이를 통해 원자의 위치를 추정할 수 있다. 또한 전자밀도 맵의 형태와 밀도를 분석하여 아미노산의 종류와 위치를 알아내면 단백질의 아미노산 서열을 확인하거나 검증할 수 있다. 아미노산의 공간 배열을 통해 단백질의 3차원 구조를 구성할 수도 있다.

막스 페루츠Max Perutz가 엑스선 회절 패턴을 분석해서 헤모글로빈의 생물학적 기능을 밝히려 시도한 것이 1937년이었다.[4] 그러나 1960년이 되어서야 헤모글로빈 구조를 논문으로 발표할 수 있었고,[5] 《네이처》의 같은 호에는 존 켄드루John Cowdery Kendrew의 연구 결과도 실렸다.[6] 페루츠 연구팀이 5.5옹스트롬 크기에서 헤모글로빈 구조를 밝혔다면 켄드루 연구팀은 2옹스트롬 크기에서 구조를 규명했다.[7]

단백질의 구조를 알면 기능에 대해 중요한 통찰을 얻을 수 있지만, 완전하게 기능을 이해하려면 추가적인 연구가 필요하다. 막스 페루츠의 헤모글로빈 연구는 산소 운반 기능을 이해하는 데 기여했

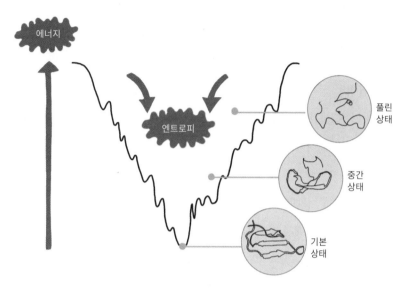

그림 6-4 에너지 경관과 단백질 구조를 설명하는 열역학 가설

고, 단백질 구조를 바탕으로 기능을 이해하는 출발점이 되었다. 하지만 생체 내 상호작용 같은 복잡한 기능적 측면은 생화학적, 유전학적 연구가 필요했다.

앞서 소개했듯이, 1960년대 초에 크리스티안 안핀센 연구팀은 단백질이 접혔다가 풀리고 반대로 풀렸다가 접힐 수 있는 가역 과정이며 단백질 구조가 열역학적으로 가장 안정적인 상태라는 열역학 가설을 제시했다.8 그러면서 단백질 구조를 설명하는 개념으로 에너지 경관energy landscape이 사용되기 시작했다. 에너지 경관은 단백질이 취할 수 있는 모든 구조의 자유에너지를 나타내는 그래프로, 일반적으로 깔때기 모양이다. 에너지 경관의 높이는 각 구조의 에너지 수준을 나타내며, 낮을수록 단백질의 구조가 안정적이고 높을수록 불안정한 상태다. 경관의 굴곡은 중간 상태와 에너지 장벽을 나타낸다. 단백질 접힘 과정은 에너지 경관을 따라 높은 에너지 상태에서 낮은 에너지 상태로 이동하는 것이다. 이 가설에 따르면, 특정 단백질이 가질 수 있는 구조를 모두 찾은 다음, 그중에서 열역학적으로 가장 안정된 상태만 찾으면 구조를 알아낼 수 있다.

하지만 단백질은 많은 아미노산이 결합한 중합체라 취할 수 있는 구조가 매우 많다. 따라서 이 모든 경우를 계산해 열역학적인 에너지를 찾는 것은 사실상 불가능했다. 기존에 알려진 단백질 구조와 비교하면서 경우의 수를 줄이는 방법도 시도되었지만, 큰 진전은 없었다.

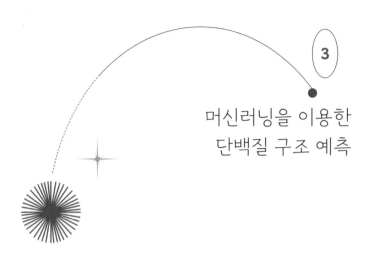

머신러닝을 이용한
단백질 구조 예측

우리는 왜 단백질 구조를 예측하려고 할까? 가장 중요한 이유로는 신약 개발에 활용하기 위해서다. 단백질 구조를 알면 질병을 치료할 수 있는 새로운 약물을 찾고, 약물과 질병의 원인이 되는 물질의 상호작용을 이해하고 컴퓨터를 이용한 가상 스크리닝으로 후보 물질을 선별할 수 있다. 단백질 구조를 알면 약물의 효능을 최적화하고 부작용을 예측하며 약물 저항성 문제를 해결할 수 있을 뿐아니라, 기존 약물의 새로운 용도를 발견하는 약물 재창출과 질병 진단용 바이오마커 개발에도 이용할 수 있다.

구글 딥마인드가 새로운 단백질 구조 예측 인공지능인 알파폴드 3을 2024년 5월 《네이처》에 발표했다.[9] 구글 딥마인드가 세운 아이소모픽 랩은 자사 웹사이트에 머신러닝을 이용해 약물을 발견하는 것이 목표라고 밝혔다. 아이소모픽 랩은 거대 제약회사인 엘리 릴리Eli Lilly와 노바티스Novartis로부터 수천만 달러의 계약금을 받았다고 한다.10 단백질 구조 예측에서 가장 선두에 있는 연구팀과 회사가 신약 개발을 비전으로 삼고 있다는 말이다.

단백질 구조를 계산으로 이해하려는 연구에서는 계산을 줄일 수 있는 방법을 찾으려 했다. 만약 진화적으로 공통 조상에 기원을 둔 생명체라면 그 생명체의 단백질 역시 진화적으로 유사한 기능을 할 것이라고 추정할 수 있다. 특히 아미노산 서열이 바뀌더라도 단백질 구조가 유사하다면 비슷한 기능을 수행할 것이다. 이러한 진화적 상동성을 이용해 단백질 구조를 예측하는 방법이 다중서열정렬multiple sequence alignment이다. 선행 연구에서 실험으로 규명된 단백질의 구조와 기능 데이터를 활용하여, 새로 연구하고자 하는 단백질의 구조와 기능을 추정할 수 있다. 이는 구조적으로 유사한 단백질이 유사한 기능을 수행한다는 원리에 기반하며, 새로운 단백질 연구의 초기 방향을 설정하고 가설을 세울 수 있다. 하지만 이 추정은 실험으로 검증되어야 한다.

인공지능을 이용하면 기존 데이터를 학습해서 단백질 구조를 예측할 수 있다. 인공지능은 주로 계산 측면에서 발전했지만, 실험 데이터를 학습하고 그 결과를 바탕으로 새로운 실험을 제안하는 등 실험과 계산의 상호작용을 강화하는 역할을 한다. 워싱턴대학교 데이비드 베이커David Baker 연구팀에서 개발한 인공지능 알고리즘인 로제타는 2000년대 초부터 최근까지 단백질 구조 예측 결과를 내놓고 있다.11 2024년에는 단백질과 핵산이 결합하는 구조를 예측할 수 있는 로제타폴드 올-아톰RoseTTAFold All-Atom 알고리즘을 발표하기도 했다.12 특히 알파폴드는 2020년에 열린 단백질 구조 예측 학술대회CASP14에서 우승하면서 큰 주목을 받았다.

알파폴드 알고리즘이 2021년 《네이처》에 공개되면서 인공지능을 이용한 단백질 구조 예측 연구에 큰 전환점을 맞이했다.13 알파폴드가 예측한 단백질 구조는 '알파폴드 단백질 구조 데이터베이스'에서 검색할 수 있다.14 알파폴드 개발을 주도한 데미스 허사비스Demis Hassabis와 존 점퍼John Jumper가 2023년 래스커상을 수상하면서 이 연구의 중요성을 인정받기도 했다. 두 사람은 데이비드 베이커와 함께 계산을 이용한 단백질 설계와 구조 예측에 기여한 공로로 2024년 노벨화학상을 받았다.

단백질 구조를 예측하는 중요한 목적은 신약 개발에 드는 시간을 줄이는 것이다. 예를 들어 컴퓨터 시뮬레이션을 이용하면 직접 실험하는 것보다 수백만 개의 화합물을 빠르게 평가할 수 있어서 시간과 비용을 줄일 수 있다. 또한 후보 약물과 표적 단백질 간의 상호작용을 시뮬레이션해서 결합 친화도를 예측할 수도 있다. 그러면 약물 후보의 구조를 최적화하는 시간도 단축할 수 있다.

하지만 알파폴드로는 단백질과 핵산 같은 여러 생체 물질의 반응에 따른 구조 변화를 예측할 수 없다는 의견도 많다.15 알파폴드는 단백질의 고정된 구조만 예측하며, 단백질이 DNA나 RNA를 포함한 다른 생체 물질과 상호작용할 때 일어나는 구조 변화를 예측하지 못한다는 것이다. 알파폴드가 정확하게 예측하려면 정밀한 데이터로 알고리즘을 학습해야 한다. 그래서 2021년에 공개된 알파폴드는 그 당시 실험으로 입증되어 공개된 단백질 구조 데이터를 학습했다.

그런데 실험적으로 입증된 데이터를 지속적으로 업데이트하지 않으면, 알파폴드 예측이 실제 구조와 상당히 달라질 수도 있다. 그래서 2023년 《네이처》에 실린 논문은 인공지능 알고리즘이 생명현상을 이해하는 데 크게 도움이 되지만 앞으로 할 일이 많다는 점도 일깨워주었다.16 그러다가 2024년 5월 알파폴드 3가 공개되면서 다시 한번 단백질 구조 분석의 돌파구가 마련되었다. 2021년 버전 알파폴드는 단백질 구조만 예측할 뿐, DNA, RNA, 약물 등과 단백질이 상호작용할 때 그 복합체의 구조를 예측할 수 없었다. 반면 알파폴드 3는 단백질과 생체 물질이 결합했을 때의 구조를 예측할 수 있다. 질병 치료를 위한 약물 개발의 측면에서 알파폴드 3는 큰 가능성을 보였다.

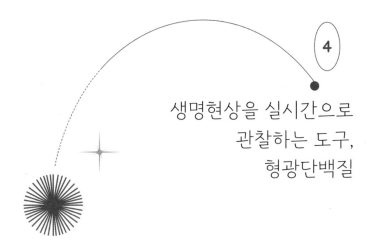

4

생명현상을 실시간으로
관찰하는 도구,
형광단백질

분자와 세포 단위에서 생명현상을 관찰할 때 관찰 대상에 표지를 붙인다. 대표적인 표지가 형광단백질이다. 처음에는 해파리에서 녹색 빛을 방출하는 단백질을 찾았고, 이후 이 단백질의 구조를 분석해 여러 다른 파장의 빛을 내는 단백질을 만들었다. 또 다른 표지로는 화학적으로 합성해 만든 형광염료가 있다. 항원−항체 반응을 이용한 면역형광염색 방법을 활용하면 생체 시료를 관찰할 때 형광염료를 항체에 붙여 항원에 해당하는 목표 물질과 결합시켜서 원하는 생체 물질만 관찰할 수 있다. 이렇듯 형광단백질과 형광염료는 생명현상을 관찰하기 위한 표지로 자주 사용되지만, 둘 사이에는 상당한 차이가 있다.

형광단백질은 해당 유전자를 세포나 조직에 직접 주입하거나 바이러스 벡터를 이용해 관찰하려는 단백질과 함께 발현되도록 한다. 바이러스 벡터를 이용할 때는 형광단백질 유전자와 함께 관찰하려는 단백질 정보인 프라이머도 삽입한다. 주로 사용되는 바이러스 벡터로는 레트로바이러스, 렌티바이러스, 아데노바이러스 등이 있다. 이렇게 준비된 '바이러스 벡터-프라이머-형광단백질 유전자' 결합체를 세포나 조직에 넣으면, 바이러스가 세포에 침투해 유전물질을 전달한다. 이 바이러스 결합체는 숙주 세포 유전자에 통합되고, 전사와 번역 과정을 통해 형광단백질이 발현된다. 반면 형광염료는 생체 시료를 살아 있는 상태로 보존하는 고정 과정을 거친 다음, 고정된 시료 안에 있는 생체 물질 중에서 관찰하려는 DNA, RNA, 단백질 등에 결합한다.

따라서 형광단백질은 생명체가 살아 있는 상태에서 관찰할 수 있다면, 형광염료는 살아 있는 상태의 변화를 관찰할 수 없다. 반면 형광단백질은 방출하는 신호가 약해서 고해상도 영상을 얻기 어렵지만, 형광염료는 신호의 세기가 강하다. 따라서 관찰 대상이 살아 있는지, 강한 형광 신호가 필요한지 여부에 따라 표지 물질을 선택한다.

녹색 형광단백질은 1962년 시모무라 오사무와 프랭크 존슨 Frank H. Johnson이 발표한 논문에 의해 처음으로 학계에 알려졌다.[17] 시모무라는 물에 닿았을 때 빛을 내는 바다반디Cypridina에서 발광하는 물질을 찾다가 1956년에 루시페린Luciferin이라는 물질이 발광에 관여한다는 것을 발견하고 논문으로 발표했다. 당시 그는 생물체에서 빛을 내는 물질을 연구하는 것으로 유명한 프린스턴대학교 프랭크 존슨 교수의 제안을 받아 1960년에 미국으로 건너가 해파리에서 발광 물질을 찾는 연구를 수행했다. 1962년에 발표한 논문은 해파리가 자체적으로 빛을 내게 하는 발광 물질인 아쿠아린을 보고한 것으로, 녹색 형광단백질에 관한 내용은 이 논문의 주3에 간략히 언급되어 있다. 원래 시모무라의 관심사는 아쿠아린이었고 2000년에 아쿠아린의 구조를 밝힌 논문을 발표하기도 했다.[18]

존슨 교수가 은퇴한 후에 시모무라는 보스턴에 있는 해양생물학연구소Marine Biology Laboratory로 이직했다. 그곳에는 아쿠아린 유전자를 복제했던 더글러스 프래셔Douglas Prasher가 있었고, 녹색 형광단백질 유전자를 복제하는 연구로 1992년에 논문을 발표했다.[19] 하지만 프래셔는 연구비가 없어 연구를 계속하지 못하고 학계를 떠났다. 그때 컬럼비아대학교에서 예쁜꼬마선충을 연구하던 마틴 챌피Martin Chalfie가 프래셔에게 녹색 형광단백질 유전자를 요청했고, 프래셔는 논문에 이름을 넣는 조건으로 건넸다.

챌피 연구팀은 프래셔에게서 받은 녹색 형광단백질 유전자를 예쁜꼬마선충에 주입해 신경세포에서 이 형광단백질이 발현되는 것을 관찰했다.[20] 성체의 생식선에 형광단백질을 끼워 넣은 DNA를 주입했더니, 녹색 형광단백질 유전자가 예쁜꼬마선충이 낳은 알에 들어가 분열해서 녹색 형광단백질을 가진 예쁜꼬마선충으로 성장했고, 이 선충에 자외선을 쪼여주었더니 녹색 빛이 검출된 것이다.

　한편 프래셔로부터 녹색 형광단백질 유전자를 받은 또 다른 연구자가 있었다. 로저 첸Roger Y. Tsien의 연구팀은 녹색 형광단백질의 새로운 활용 방법을 발견했다. 이들은 빛을 내는 부위, 즉 형광 도메인에 주목했다. 연구팀이 이 형광 도메인의 특정 아미노산을 다른 것으로 교체하자 단백질의 색이 변했다. 이는 유전자 조작으로 녹색 말고도 다양한 색상의 형광단백질을 제작할 수 있다는 의미였다.[21] 첸 연구팀은 유전자 변형 녹색 형광단백질을 보고하고, 2년 뒤인 1996년에 녹색 형광단백질의 구조를 규명한 논문을 발표했다.[22] 그 후에도 여러 파장의 형광단백질을 개발하는 연구를 지속해서 2004년에 《네이처 메소즈》에 발표했다.[23] 지금은 가시광선 대역(400~700나노미터)에서 많은 형광단백질이 개발되어 사용된다. 각 형광단백질마다 흡수하고 방출하는 스펙트럼, 크기, 화학 특성이 다르기 때문에, 실험 목적에 맞는 형광단백질을 찾을 수 있다. 그래서 최근에는 형광단백질 검색 사이트가 개발되기도 했다.[24]

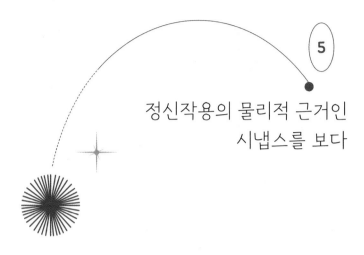

정신작용의 물리적 근거인
시냅스를 보다

생명현상의 기능은 대부분 단백질이 수행하기 때문에, 생명현상을 관찰하는 대부분의 연구에 형광단백질이 활용된다. 그중에서도 신경세포 간에 신호를 주고받는 시냅스를 관찰한 연구를 살펴보자.[25]

시냅스는 한 신경세포의 축삭 말단과 또 다른 신경세포의 수상돌기 또는 세포체 간에 정보 전달이 이루어지는 곳이다. 학습과 기억이라는 정신작용을 분자와 세포 수준에서 설명하면서 시냅스가 주목받기 시작했다. 학습과 기억은 뇌의 해마 영역에서 이루어진다. 그런데 이 정신작용이 세포 수준에서는 어떻게 작용할까? 신경세포의 시냅스가 학습과 기억에 따라 변한다는 시냅스 가소성synaptic plasticity이 알려지면서 분자와 세포 수준에서 정신작용을 이해하는 돌파구가 열렸다. 시냅스 가소성의 주요 현상으로 장기강화와 장기억압이 있다.

신경세포막을 따라 발생하는 일시적인 전기적 신호를 활동전위 action potential라고 하는데, 신경세포에서 정보가 전달되는 메커니즘이기도 하다. 그리고 둘 이상의 신경세포 사이에서는 시냅스가 정보를 전달한다. 시냅스는 정보를 주는 시냅스전과 정보를 받는 시냅스후로 구성되고, 시냅스의 신호는 화학적 신호와 전기적 신호가 있다. 화학적으로 신호를 전달하는 화학적 시냅스는 시냅스전에서 신경전달물질이 분비되어 시냅스 간극을 건너 시냅스후의 수용체에 결합하는 것이다. 대표적인 신경전달물질로는 도파민, 세로토닌, 글루타메이트 등이 있다. 한편 전기적 시냅스에서는 전기 신호가 한 세포에서 다른 세포로 직접 전달되는데, 두 세포막을 직접 연결하는 단백질 통로인 간극연접채널gap junction channel이 있어서 이온과 작은 분자가 직접 통과한다.

시냅스 사이의 간극은 약 20~50나노미터로 회절 한계(약 200나노미터)보다 작아서, 일반현미경으로 형광단백질이나 형광염료를 관찰해서는 정확한 크기를 알 수 없다. 즉 시냅스 간극이 200나노미터보다 크게 측정된다는 말이다.

1장에서 소개했듯이, 2010년 하버드대학교 쫭샤오웨이 연구팀은 초고해상도현미경으로 시냅스 영상을 얻은 결과를 발표했다.[26] 이전에는 시냅스 간극이 회절 한계보다 작아 시냅스전과 시냅스후가 구분되지 않았지만, 초고해상도현미경을 이용하면 둘을 구분할 수 있었다. 2015년에는 시냅스 구조를 3차원 초고해상도 영상으로 얻은 결과를 발표했다.[27] 먼저 쥐의 뇌를 절편으로 만들어 2차원 초고해상도 영상을 얻은 다음 이를 순서에 맞게 배열해서 3차원 초고해상도 영상을 얻은 것이다. 2015년에는 초고해상도 영상을 얻는 또 다른 기술도 등장했다. MIT의 에드워드 보이든Edward S. Boyden 연구팀은 생체 시료의 크기를 확대해서 일반현미경으로 영상을 얻고, 그 영상을 확장한 만큼 축소해서 원래 영상을 얻는 확대현미경 expansion microscopy을 개발했다.[28] 즉 생체 시료를 두 배로 확대해서 영상을 얻은 다음, 얻은 영상을 2분의 1로 축소하면 시료를 확대하기 이전의 원래 생체 시료의 영상을 얻을 수 있다. 이 기술을 이용하면 회절 한계보다 작은 크기의 생체 물질을 회절 한계 이상으로 확대할 수 있다. 초고해상도현미경은 장비 가격도 비싸고 시료 처리 과정도 일반현미경과는 달라서 생물학자들이 활용하기에는 진입 장벽이 있었다. 그렇지만 이 기술은 생체 시료를 적절히 확대하기만 하면, 대부분의 생물학 연구 시설에서 보유하고 있는 일반현미경으로도 회절 한계 이하까지 관찰할 수 있다.

화학적 시냅스는 신경전달물질을 이용해 신경신호를 전달하는 기능을 한다. 연구자들은 글루타민, 감마─아미노뷰티르산 γ-aminobutyric acid, GABA, 아세틸콜린, 도파민, 히스타민, 세로토닌, 멜라토닌 등의 신경전달물질을 조절해 우울증이나 불면증 같은 질환을 치료하는 약을 개발하고 있다. 또한 알츠하이머 질환이나 파킨슨 질환 같은 퇴행성 뇌 질환의 원인과 증상도 시냅스의 변화에서 찾으려는 연구도 수행되고 있다. 생물물리학에서는 인간 정신의 주요 기능인 학습과 기억뿐만 아니라 뇌 질환도 수십 나노미터 크기의 시냅스를 관찰해서 연구한다. 최근에는 인간 뇌를 1세제곱밀리미터 크기의 신경세포가 연결된 모습으로 표현해 3차원으로 재구성한 연구가 발표되었다.[29]

이 장에서는 생물물리학의 핵심 주제인 단백질 구조에 관한 연구를 다루었다. 이 분야는 지난 세기에 놀라운 발전을 이루었다. 엑스선 결정학 기법에서 시작해 인공지능 기반 예측 모델에 이르기까지 실험과 이론의 결합을 보여주는 대표적인 분야로, 이런 접근 방식은 복잡한 생물학적 과정의 이해는 물론이고 신약 개발에서도 핵심적인 역할을 한다. 생물물리학은 단백질 구조를 분석하고 기능을 알아내는 연구를 통해 생명의 비밀을 풀어내며, 다양한 질병 치료법을 개발하는 데 기여하고 있다. 최근에는 머신러닝과 빅데이터 분석 기술이 발전하면서 계산생물학이 등장했고 생물물리학과 계산생물학이 융합하면서 통합된 연구 영역으로 자리 잡고 있다. 이는 물리학의 엄밀한 방법론과 생물학의 복잡성, 첨단 컴퓨팅 기술이 만나 시너지를 만들어낸 사례이기도 하다. 생물물리학과 계산생물학의 융합으로 생명현상을 더 깊게 이해할 수 있으며, 실용적인 측면에서 질병 치료와 생명공학에서 혁신을 이끌 것으로 기대된다.

7장

세포 물리학

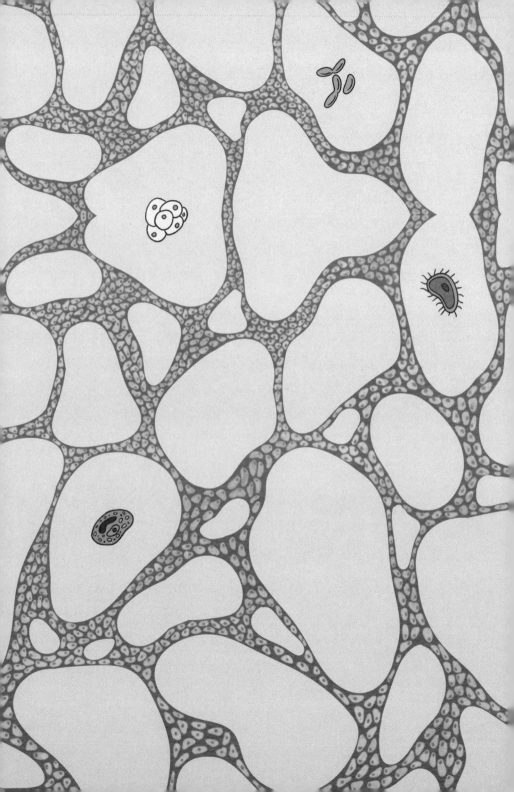

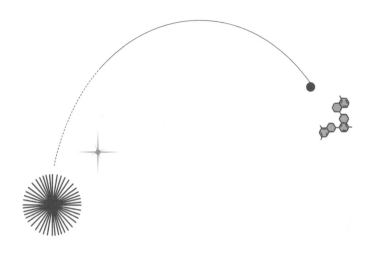

물리학은 세상의 근본 원리를 이해하는 학문으로, 시간, 공간, 운동을 중심으로 자연 현상을 탐구한다. 또한 물리학자는 관찰한 현상을 수학적 언어로 표현해 정확하고 보편적인 지식을 추구한다. 물리학의 독특한 점은 현상을 관찰하는 데 그치지 않고, 정밀한 측정 도구를 직접 개발하고 새로운 물질을 만들면서 미지의 영역을 밝혀낸다는 것이다.

특히 물리학의 분과학문 중의 하나인 생물물리학은 나노 크기의 물질을 관찰할 수 있는 현미경을 개발해 DNA, RNA, 단백질의 상호작용을 관찰한다. 이렇게 얻은 데이터를 바탕으로 생명현상의 동역학을 설명하는 수리 모델을 세운다. 이런 접근 방식은 생물물리학이 생명과학과 구별되는 특징이다.

생물물리학의 연구 대상 중 하나인 세포에는 지금까지 살펴본 DNA, RNA, 단백질을 포함해 여러 생체 물질이 포함되어 있다. 이런 물질에 변화가 생긴다면 세포에도 영향을 준다. 그런 변화를 세포 내의 특정 위치에서 실시간으로 관찰하면 여러 생명현상을 알아낼 수 있다. 생물물리학자는 세포를 관찰하면서 다양한 주제를 연구하지만, 특히 중요한 연구 주제 중 하나는 생명체가 환경 변화를 감지하고 반응하는 메커니즘이다.

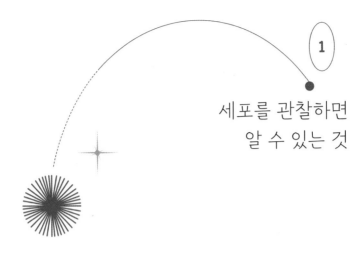

세포를 관찰하면
알 수 있는 것

약 46억 년 전 생성된 이후, 지구는 자전과 공전을 하고 있다. 주기는 조금 변했지만 지구가 규칙적으로 움직인다는 사실은 변함이 없다. 지구상의 초기 생명체는 이런 주기에 적응하는 방향으로 진화했을 것이다. 대표적인 주기성 식물인 미모사는 낮에 잎이 열리고 밤에 닫힌다. 인체에도 낮과 밤의 시간 변화를 감지하는 일주기 리듬이 있다. 지구에 사는 대부분의 생명체도 일주기 리듬을 따르기에, 낮에 활동하면 밤에 멈추고 밤에 활동하면 낮에 멈춘다. 낮밤 없이 계속해서 활동하는 생명체는 거의 없다.[1]

특히 수면은 일주기 리듬을 잘 보여주는 현상이다. 인간은 일반적으로 아침에 깨어나 활동하면서 점차 피로가 쌓이고, 밤이 되면 졸음을 느껴 잠에 든다. 이렇게 지구의 움직임에 맞춰 자고 깨는 패턴이 생체 시계에 프로그래밍되어 있다. 그런데 전기 조명 덕분에 밤에도 낮처럼 활동하게 되면서 간호사, 경찰관, 소방관처럼 24시간 교대 근무하는 직업이 늘어났다. 하지만 이런 생활 방식은 인체의 자연스러운 리듬과 충돌한다. 일주기 리듬과 맞지 않는 생활을 지속하면 수면 부족으로 피로가 쌓이고, 집중력이 떨어지며, 질병에 걸리거나 사고를 당할 위험이 높아진다. 이런 문제를 해결하기 위해 일주기 치료라는 의학적 접근법이 개발되었다. 이는 환경이나 유전적 요인으로 인해 깨진 수면-각성 균형을 바로잡아 일주기 리듬을 회복하는 것을 목표로 한다.

한편 생명체는 장소를 인식하는 것도 중요하다. 포식자를 피하거나 먹이를 구하는 기본적인 생명 활동을 위해서는 장소 인식이 필요하다. 인간은 장소를 인식하는 세포가 해마와 내후각피질에 있다고 알려졌다. 2000년 《미국 국립과학원 회보》에는 런던 택시 운전사의 뇌를 자기공명영상으로 촬영해서 해마의 크기를 비교한 논문이 실렸다.2 연구 결과에 따르면 택시 운전사의 해마는 일반인에 비해 뒷부분은 더 크고 앞부분은 작았다. 즉 장소를 많이 인식하면 해마 크기가 변한다는 것이다.

해마는 학습과 기억을 처리하는 영역으로도 잘 알려져 있어서 1970년대 존 오키프John O'Keefe는 해마에 있는 세포가 장소를 인식한다는 결과를 발표했다.3 그는 장소 정보를 처리하는 세포를 장소세포place cell이라고 명명했다. 장소세포가 발견된 지 30여 년 후인

2000년대에 해마 옆에 있는 내후각피질에도 이 공간을 인식하는 세포가 있다는 결과가 발표되었다.4 노르웨이 출신 과학자인 마이브리트 모세르May-Britt Moser와 에드바르트 모세르Edvard I. Moser 연구팀은 육각형 격자 형태로 활성화된, 내후각피질에 있는 이 세포를 격자세포grid cell라고 명명했다. 2018년 에드바르트 모세르가 참여한 연구팀은 공간 지각과 인간의 생각이 결합되어 있다는 주장을 담은 논문을 발표하기도 했다.5, 6

그렇다면 뇌세포를 하나씩 켜고 끌 수 있을까? 지금도 뇌 연구에 활용되는 fMRI나 뇌전도electroencephalography, EEG는 뇌의 전체적인 활동이나 특정 영역의 활성도를 관찰하는 데 적합하다. fMRI는 특정 부위의 혈류 변화를 측정해 간접적으로 신경 활동을 추정하고, 뇌전도는 두피에서 측정되는 전기적 활동을 기록해 활동 패턴을 관찰한다. 그런데 이 두 방법은 뇌의 전체적인 활동이나 특정 영역의 활성은 파악할 수 있지만, 개별 신경세포를 정밀하게 제어하거나 관찰할 수는 없다.

그러다가 최근 개발된 광유전학 기술을 활용하여 개별 신경세포를 켜고 끄는 것이 가능해졌다. 광유전학은 빛을 뜻하는 opto와 유전학을 가리키는 genetics가 합쳐진 말로, 관찰하려는 세포에 빛을 감지하는 물질을 붙이고 빛으로 그 세포를 자극해서 반응을 관찰하는 분야다. 스탠퍼드대학교 칼 다이서로스Karl Deisseroth 연구팀은 감광 단백질 중 하나인 채널로돕신을 생쥐의 신경세포에 이식하고 빛을 쪼여 신경세포의 반응을 살폈고, 2005년《네이처 뉴로사이언스》에 그 연구 결과가 발표되면서 본격적으로 광유전학이 발전하기 시작했다.7 현재 광유전학 기술은 생물물리학뿐만 아니라 신경과학과 뇌 질병 연구에 활발하게 사용된다.

　광유전학을 활용해 살아 있는 동물의 뇌에서 신경세포의 활동을 관찰할 수 있게 되었지만, 측정된 신호가 약해서 잡음이 많았다. 잡음은 원하는 실제 신호를 왜곡하거나 가릴 수 있기 때문에 신경과학과 같이 미세한 신호를 다루는 분야에서 중요한 이슈다. 정확한 신호를 검출해야 데이터를 신뢰할 수 있고 가설을 검증할 수 있어서 잡음을 줄이는 연구가 진행되고 있다. 잡음을 줄이는 기술로는 뇌를 투명하게 만들어서 고해상도로 뇌세포를 관찰할 수 있는 조직 투명화 기술이나 신경세포를 자극하는 빛을 제어하거나 생체 물질의 굴절률 차이에 따른 왜곡을 보정하는 적응광학 기술이 있다. 최근에는 많은 분야에서 주목받고 있는 머신러닝을 이용해 신호 대 잡음비를 개선하는 잡음 제거 기술도 등장했다. 이 기술은 생물물리학, 화학, 광학, 신경과학, 인공지능 등 여러 분야의 연구자가 함께 연구한 결과다.

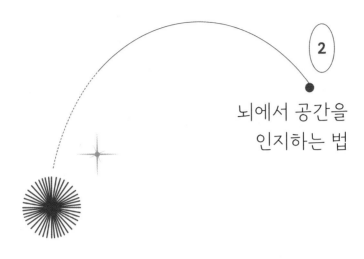

뇌에서 공간을
인지하는 법

해마에 있는 장소세포와 내후각피질에 있는 격자세포와 관련해 최근 흥미로운 연구가 발표되었다. 2023년 《사이언스》에 실린 생쥐의 장소세포와 공간 지각에 관한 논문8은 생쥐가 해마의 신경 활동을 조절해 가상현실 환경에서 위치를 이동할 수 있는지 연구한 결과다. 연구팀은 뇌-기계 인터페이스를 개발해 생쥐가 해마 활동만으로 가상공간에서 자신의 위치를 이동하거나 외부 물체를 조작할 수 있게 했다. 연구팀은 해마의 장소세포가 활성화되는 유형을 분석하기 위해, 실시간으로 신경 신호를 측정한 다음 딥러닝 기반으로 분석해서 생쥐의 위치를 추정했다.

실험은 세 단계로 진행되었다. 첫 번째 단계는 달리기 실험으로, 생쥐는 가상공간에서 자유롭게 이동하면서 목표 지점에 도달하면 보상을 받았다. 이 과정에서 쥐의 해마 영역의 신경 활동과 이동 경로가 기록되었으며, 이 데이터를 기반으로 장소 세포의 공간적 활성 패턴을 분석했다. 두 번째는 디코더 훈련train decoder으로, 첫 번째 단계에서 수집된 신경 활동 데이터를 이용해 딥러닝 기반 디코더를 학습시켰다. 이 디코더는 생쥐의 해마에 있는 신경 활동을 입력으로 받아 쥐의 현재 위치를 실시간으로 추적한다. 세 번째는 뇌-기계 인터페이스 실험BMI tasks으로, 생쥐는 자신의 해마 신경 활동만으로 위치를 제어했다. 이 단계에서 생쥐는 자신의 신경 활동만으로 원하는 위치로 순간 이동해 목표 지점에 도달하는 점퍼jumper 실험을 수행했다. 두 번째는 제다이Jedi 실험으로, 생쥐가 가상의 객체를 자신의 신경 활동으로 목표 지점까지 이동시키고 유지하는 과제였다. 이 단계에서는 생쥐의 물리적 움직임이 가상현실 시스템과 분리되었고, 쥐의 신경 활동만으로 디코더가 목표 위치를 실시간으로 추적해 이동을 제어했다. 연구팀은 해마의 인지 지도cognitive map를 기반으로 쥐가 신경 활동을 조절할 수 있는 능력을 확인했으며, 생쥐는 의지적으로 해마의 공간 표상을 활성화할 수 있었다.

공간 지각에 관한 또 다른 연구도 있다. 박쥐가 집단행동을 할 때 해마의 반응을 측정한 결과가 《네이처》에 발표되었는데,9 이 연구는 박쥐의 공간 행동을 관찰하고 해마 신경 활동을 분석했다. 버클리 소재 캘리포니아대학교 연구팀은 박쥐의 위치를 추적할 수 있는 시스템을 개발해 실시간으로 데이터를 얻었다. 그리고 박쥐에 전극을 이식해서 해마 영역의 신경 활동을 기록했다. 실험 결과, 해마의 신경세포는 박쥐의 위치나 이동 경로에 따라 다르게 활성화되었으며, 특히 다른 박쥐가 착륙 지점에 있을 때 강한 반응을 보였다. 반면 착륙 지점에 물체가 있을 때는 신경세포의 반응이 약했다. 해마의 신경세포는 다른 박쥐의 존재뿐만 아니라 특정 박쥐의 정체성에도 반응했다. 특정 신경세포들은 특정 박쥐가 있을 때만 활성화되어 박쥐가 집단 내에서 개별 박쥐를 구별하는 데 중요한 역할을 한다는 점을 보여주었다. 또한 박쥐가 착륙 지점에 정지한 상태에서도 다른 박쥐의 움직임에 반응하는 신경 활동이 관찰되었다. 사회적 정보와 공간적 정보가 해마의 신경세포에서 동시에 관찰되기도 했다. 신경세포의 집단적 활동은 사회적 상황과 공간적 정보를 구분할 수 있을 정도로 차이가 있었다. 결국 이 연구는 해마가 복잡한 집단 행동에서 사회적 및 공간적 정보를 통합적으로 처리할 수 있는 능력을 가지고 있음을 보여준다.

2022년, 격자세포를 발견한 모세르 연구팀은 이광자 레이저two-photon laser를 이용해 자유롭게 움직이는 생쥐의 뇌 반응을 실시간으로 측정한 결과를 《셀》에 발표했다.10 이광자 레이저란 동시에 두 개의 광자를 사용해 원자나 분자를 조명할 수 있는 레이저로, 매우 짧은 시간 동안 고강도 펄스를 생성해 초점 영역에만 빛 자극을 줄 수 있다. 조직 깊숙한 곳까지 레이저 빔을 전달할 수 있어서 초점 영역 밖에 있는 조직의 손상을 최소화하는 장점이 있다. 모세르 연구팀은 이광자 레이저의 무게를 3그램 정도로 축소한 미니 현미경에 연결하고, 이 현미경을 살아 있는 생쥐의 머리에 씌워 생쥐가 자유롭게 움직일 수 있도록 했다. 생쥐의 몸무게는 약 30그램이기 때문에 현미경의 무게가 체중의 10분의 1이나 되지만, 기존의 미니 현미경은 그보다 무거워서 생쥐가 자유롭게 이동하지 못했다. 어쨌든 자유롭게 움직이는 생쥐의 뇌에서 장소세포와 격자세포의 반응을 실시간으로 관찰할 수 있었다.

2024년에는 물고기에서 장소세포를 발견했다는 연구가 발표되었다. 연구팀은 제브라피시 유생larva의 전체 뇌 활동을 실시간으로 관찰한 결과 공간 정보를 인식하는 신경세포를 발견했다.[11] 자유롭게 헤엄치는 제브라피시 유생의 뇌 활동을 추적할 수 있는 현미경을 개발한 연구팀은 대뇌반구 영역에서 포유류의 해마에 있는 장소세포와 유사한 기능을 하는 세포를 발견했는데, 이 세포들은 제브라피시의 전뇌 영역에 집중되어 있었다. 이 세포는 시간이 지날수록 공간 표현이 더 정교해지는 경향을 보였다. 또한 자기 운동 정보와 외부 시각 정보를 모두 통합하여 위치를 인식했다. 환경이 크게 바뀌면 장소세포의 활동 패턴도 다시 배치되었다. 이는 포유류의 장소세포와 비슷했다.

2023년에 발표된 논문에 따르면 금붕어는 대뇌반구에 장소세포가 없고 대신 경계 벡터 세포boundary vector cell라고 불리는 공간 계산 세포를 가지고 있는 것으로 보인다.[12] 하지만 아직 적절한 관찰

도구가 없어서 금붕어에서 장소세포를 발견하지 못한 것일수도 있다. 이 연구는 그전에는 보지 못한 것을 보기 위해 새로운 도구를 개발하는 생물물리학의 접근 방식을 강조한다.

　　2024년에는 박새가 독특한 신경 패턴을 사용해 먹이를 어디에 숨겼는지 기억한다는 결과가 발표되었다.[13] 연구팀은 먹이를 저장하는 박새의 해마에서 일어나는 신경 활동을 조사했다. 박새가 먹이를 숨기고 찾을 때 뇌에서 바코드 형태의 신경 패턴이 생기는 것을 발견하고 이를 '바코드'라고 불렀다. 먹이를 숨긴 장소마다 고유한 바코드가 생성되었고, 나중에 그 장소를 다시 방문할 때 바코드가 재활성화되었기 때문이다. 바코드는 기존에 알려진 장소세포 활동과는 별개로 작동했다. 이런 패턴은 많은 유사한 기억을 혼동 없이 저장하고 검색하는 데 도움이 된다.

내 몸 안에 있는 생체시계,
일주기 리듬

46억 년 전, 먼지와 가스가 뭉쳐지면서 지구 행성이 형성되었다. 원시 지구는 외부에서 날아온 물체와 자주 충돌하면서 녹은 것 같은 상태였는데, 테이아Theia로 명명된 화성 크기의 물체와 거대한 충돌이 일어났던 것으로 추정된다. 충돌하면서 지구 자전축은 지구가 태양을 공전하는 평면 기준으로 23.5도 기울어졌다. 달도 이 충돌 파편이 모여서 생성된 것으로 본다. 최근 《네이처》에는 원시 지구와 충돌한 테이아의 일부가 지구 맨틀에 남아 있는 것으로 추정된다는 논문이 실렸다.14 캘리포니아공과대학 첸 위안Qian Yuan 연구팀은 컴퓨터 시뮬레이션을 이용해 약 2,900킬로미터 깊이에 있는 맨틀에 테이아의 잔해로 보이는 영역이 있다고 주장했다. 지금껏 테이아 충돌에 관한 직접적인 증거가 없었는데, 이 연구가 발표되면서 테이아 충돌에 의한 원시 지구 생성 시나리오가 힘을 얻었다.

지구는 자전축이 기울어진 채로 공전하기에 계절이 변화한다. 북반구가 태양에 가까운 쪽으로 기울어져 있을 때 북반구는 여름이고, 먼 쪽으로 기울어지면 겨울이다. 이런 고온과 저온 상태는 약 365일 주기로 반복된다. 24시간 주기의 밤낮 교차와 365일 주기의 계절 교차는 지구물리학의 상수로서 지구 생명체는 24시간 주기나 365일 주기에 어떻게든 적응해야 했다. 외부 요인이 없어도 24시간 주기로 생명체가 변화하는 현상은 오래전부터 관심의 대상이었다. 그래서 생명체를 연구하는 사람들은 이 현상을 연구했다. 최근에야 분자 수준에서 작동하는 분자시계molecular clock에서 나온 신호가 포유류 뇌에 있는 시신경교차상핵suprachiasmatic nucleus, SCN의 중추시계를 거쳐 말초시계를 동기화한다는 게 밝혀졌다.

일주기 리듬의 현대적 연구는 캘리포니아공과대학 대학원생 론 코노프카Ron Konopka와 코노프카의 지도교수이자 행동유전학자인 시모어 벤저Seymour Benzer가 1971년 《미국 국립과학원 회보》에 발표한 논문이 시작이라고 본다.[15] 이들은 유전학의 대표적인 모델 생물인 초파리 종에서 일주기 리듬에 문제가 있는 돌연변이 초파리를 찾아내 논문을 썼다. 이 논문이 발표되고 10년 이상 지난 후에야 여러 연구자에 의해 초파리에서 일주기 리듬 유전자가 확인되었고, 이는 피리어드PERIOD 유전자로 명명되었다.

초파리에 분자시계가 있다면 인간이나 다른 포유류에게도 있지 않을까? 노스웨스턴대학교 조지프 다카하시Joseph Takahashi 연구팀은 1990년대에 여러 편의 논문을 발표했다. 이 연구팀은 일주기 리듬과 관련이 있는 생쥐의 클락CLOCK 유전자를 근사해 이 유전자가 기능하지 않는 돌연변이 쥐에게는 생체시계가 작동하지 않는 것을 확인했다.16 다카하시 연구팀의 결과를 근거로 인간을 포함한 포유류의 일주기 리듬 연구가 본격적으로 수행되기 시작했다.

코노프카와 벤저의 논문에서 일주기 리듬과 관련된 유전자가 있다는 사실이 밝혀진 이래, 일주기 리듬을 생성하는 조직이 어디에 있는지 찾는 연구가 1970년대부터 진행되었다. 1972년에 일주기 리듬과 관련된 조직이 시상하부에 있다는 결과가 발표되었고,17 1980년대에는 시신경교차상핵을 다른 개체로 이식하면 이식받은 개체의 일주기 리듬이 시신경교차상핵을 제공한 개체의 일주기 리듬으로 재설정된다는 연구가 발표되었다.18 즉 시신경교차상핵이 일주기 리듬을 조절한다는 사실을 확인한 것이다.

이렇게 하여 초파리에서 분자시계를 찾고, 분자시계가 인간 등 포유류에게도 있으며, 분자시계의 물리적 실체인 신경세포가 시신경교차상핵에 있고, 시신경교차상핵의 중추시계가 여러 말초 기관에 신호를 주는 페이스메이커 역할을 한다는 일주기 리듬의 큰 그림이 완성되었다.19

그렇다면 분자시계는 어떻게 작동할까? 분자시계의 중심에는 비말원BMAL1 단백질과 클락 단백질이 있고, 두 단백질은 함께 작용해 피리어드와 크립토크롬Cryptochrome이라는 유전자의 활동을 촉진한다. 피리어드와 크립토크롬 유전자가 활성화되면 점차 비말원과 클락 단백질의 활동을 억제한다. 그러면 피리어드와 크립토크롬의 발현이 줄어들고, 그 결과 비말원과 클락 단백질에 대한 억제도 약해진다. 그러면 다시금 비말원과 클락이 활성화되는 새로운 주기가 시작된다. 이 복잡한 피드백 고리가 하루에 한 번씩 반복되면서 일주기 리듬을 만들어내는 것이다.

일주기 리듬은 생명체가 지구 자전 주기인 24시간에 맞춰 생명체 내에 있는 생체시계를 통해 조절되는 생명현상이다. 이 리듬은 클락 유전자와 단백질의 피드백 루프를 통해 생성되며, 유전자 발현과 단백질 농도의 주기적인 변화로 약 24시간 주기를 유지한다. 생물물리학자는 일주기 리듬을 연구하면서 단백질 반응 속도, 결합 상수, 농도 변화 같은 물리적 특성을 분석해 리듬의 안정성과 반복성을 알아낸다.

이러한 일주기 리듬은 신경세포 수준에서 시신경교차상핵을 통해 조절된다. 시신경교차상핵에 있는 신경세포의 활동은 세포 간 네트워크와 이온 채널을 통해 동기화된다. 빛은 일주기 리듬을 조정하는 중요한 신호로, 광수용체가 빛의 강도와 파장을 감지해 시신경교차상에 신호를 전달한다. 생물물리학은 이 과정에서 광수용체의 효율성과 빛의 특성이 리듬에 미치는 영향을 정량적으로 분석한다.

또한 생물물리학자는 수학 모델링을 통해 분자적, 신경적, 환경적 요소 간의 상호작용을 설명한다. 이를 위해 물리학 연구에서 활용하는 대표적인 모형 중 하나인 결합 진동자 모형coupled oscillator model을 이용해 시신경교차상핵의 세포 리듬과 동기화 과정을 설명한다. 생물물리학자는 비선형 동역학 모델을 이용해 유전자 발현의 비선형적 특성을 기반으로 일주기 리듬의 안정성과 민감성을 예측하기도 한다.

수면은 일주기 리듬의 가장 대표적인 예로, 아침에 일어나 낮에 활동하면 수면 압력이 점차 높아지면서 밤에 잠을 잔다. 해가 뜨면 일어나고 해가 지면 자는 리듬은 생체 시계에 따라 움직이는데, 분자시계와 수면의 관계를 다루는 연구는 의외로 최근에 수행되기 시작했다. 오랫동안 일주기 리듬 연구와 수면 연구는 독립적으로 이뤄졌는데, 최근에야 이 둘을 융합해서 연구할 필요성이 제기되었다. 특히 낮 동안 받는 햇빛이 수면에도 영향을 미치며 빛 자극이 시신경교차상핵에도 영향을 준다는 게 알려지면서 일주기 리듬과 수면 분야는 공동으로 학회를 개최할 만큼 가까워졌다.[20] 국내에서도 KAIST 김재경 교수 연구팀이 일주기 리듬과 수면에 관한 연구를 수행하면서 여러 편의 논문을 발표했다.[21] 최근 김재경 교수는 수리생물학을 다룬 책인《수학이 생명의 언어라면》을 출간했다.[22] 이 책에서 미분방정식으로 일주기 리듬을 조절하는 단백질의 농도 변화를 수리 모델로 설명하는 부분이 인상적이었다. 생물물리학에 관심이 있다면 분명 이 책에도 흥미를 느낄 것이다.

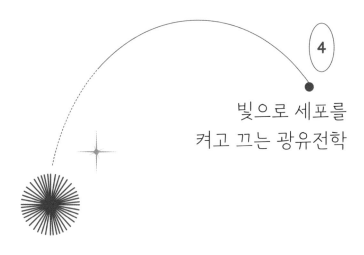

4

빛으로 세포를
켜고 끄는 광유전학

뇌의 신경세포는 수 밀리초(1밀리초는 1,000분의 1초) 동안 지속되
는 활동전위를 통해 정보를 교환한다. 휴지 상태에서 신경세포막은
-70mV 정도의 전위를 유지하고 세포 내부는 외부에 비해 음전하를
띠는데, 이를 분극 상태라고 한다. 그러다가 신경세포가 자극받거나
자발적으로 흥분하면 나트륨 채널이 열리고 양전하 나트륨 이온Na^+
이 세포 안으로 유입된다. 이 과정을 탈분극이라고 한다. 세포막 전
위가 상승하면서 역치 전위인 -55mV에 도달하면 전압에 의존하는
나트륨 채널이 대량으로 열리면서 더 많은 나트륨 이온이 세포 안으
로 급격히 유입되고, 세포막 전위가 순간적으로 +40mV까지 상승하
는 급격한 탈분극이 일어난다. 탈분극이 최고에 도달하면, 나트륨
채널은 비활성화되고 대신 칼륨 채널이 열려서 양전하를 띤 칼륨 이

온K+이 세포 밖으로 유출된다. 이 과정을 재분극이라고 하는데 세포막 전위가 다시 음수 값으로 되돌아간다. 재분극에서 칼륨 이온 유출이 계속되면 세포막 전위가 휴지전위보다 더 낮아지는 과분극 상태가 잠시 나타났다가, 나트륨—칼륨 펌프 같은 이온 펌프가 작동해 이온 농도가 원래대로 조절되면서 세포는 다시 휴지 전위 상태로 되돌아간다. 이 전체 과정이 1~2밀리초 정도의 짧은 시간 동안 일어난다.

활동전위가 발생한 직후에는 일정 기간 동안 새로운 활동전위가 발생하지 않는 불응기가 있다. 활동전위는 신경세포의 축삭을 따라 전파되며 이 과정에서 신호의 강도가 감소하지 않고 일정하게 유지된다.

1952년 앨런 호지킨Alan Hodgkin과 앤드루 헉슬리Andrew Huxley는 오징어의 거대 축삭을 이용해 활동전위를 측정하고, 활동전위의 전기적 모형을 만들어 호지킨—헉슬리 이론을 정립했다.[23] 이후 이 이론은 뇌의 신경활동을 자극하고 측정하는 기본 모델이 되었다.

DNA 이중나선 구조를 밝힌 프랜시스 크릭은 1979년《사이언티픽 아메리칸》에 기고한 〈뇌에 관한 생각〉에서 신경세포 하나만 관찰할 수 있는 방법이 필요하다고 제안했다.[24] 당시에도 전기생리학을 이용해서 동물의 뇌 반응을 관찰할 수 있었지만, 전기 자극을 주면 그 근처의 여러 신경세포가 동시에 활성화되었다. 크릭은 특정 신경세포만 활성화하고 나머지 세포는 비활성화할 수 있는 기술을 개발하는 것을 신경과학의 주요 과제라고 여긴 것이다. 이후에 그는 빛으로 신경세포 하나만 켜거나 끌 수 있으리라고 주장했지만 그때는 그것을 실행할 수 있는 기술이 없었다. 20년 이상이 지난 2005년에야 칼 다이서로스 연구팀에 의해 광유전학이 구현되었고, 470나노미터 파장의 파란색 빛에 반응하는 채널로돕신-2를 이용해 수 밀리초 수준에서 신경세포의 활동전위를 제어할 수 있었다.25

감광 단백질이란 빛 에너지를 흡수해서 화학적 또는 전기적 신호로 변환한 다음, 세포 내 다른 부분으로 전달하는 단백질이다. 빛에 반응하는 감광 단백질로는 박테리오로돕신26, 할로로돕신27, 채널로돕신이 있다.28 박테리오로돕신은 양성자H^+를 세포질에서 세포 밖으로 내보내고, 할로로돕신은 염화물을 세포질 안으로 보내며, 채널로돕신은 세포막을 통해 양방향으로 양이온을 이동시킨다. 최근에는 이 단백질들을 유전자 변형한 단백질들이 개발되고 있다.

감광 단백질은 직접적으로 드러나지 않지만, 간접적인 방식으로 관찰하거나 측정할 수 있다. 채널로돕신 같은 단백질이 활성화되면 세포의 전기적 활동이 변화하고, 이온 농도 변화를 감지하는 화학 센서를 이용해 세포 이온의 이동을 측정할 수 있다. 또한 생쥐의 뇌에서 감광 단백질을 활성화하면 특정 신경세포가 활성화되거나 억제되는 것을 관찰할 수도 있다.

광유전학 실험은 다음과 같이 수행한다. 채널로돕신-2를 발현하는 유전자를 바이러스 벡터와 결합해 패키징 세포주packaging cell line에 주입하고, 여기서 생성된 세포를 모델 생물(대체로 생쥐)의 뇌에 주입한다. 패키징 세포주는 바이러스를 이용한 유전자 전달 시스템에서 사용되는 세포주로, 바이러스를 생산하지만 숙주세포에 감염 후 증식하지 못하도록 유전적으로 수정된 세포다. 그리고 채널로돕신-2를 활성화하는 파란색 빛을 생쥐의 뇌에 입사하면 변화하는 뇌세포의 활동전위를 측정할 수 있다.29

그렇다면 광유전학으로 무엇을 할 수 있을까? 프랜시스 크릭이 신경세포 하나만을 관찰할 수 있는 방법이 필요하다고 말한 지 20년 넘게 지난 2005년에 신경세포 하나만 켜고 끌 수 있는 광유전학이 개발되었다. 최근에는 광유전학으로 질병의 기작을 이해하는 연구가 수행되고 있다. 특히 전임상과 임상의 중간에서 두 영역을 연결하는 중개의학translational medicine에서 광유전학이 활용되고 있는데, 특정 신경 회로를 정밀하게 조절할 수 있어서 복잡한 신경계 질환의 메커니즘을 이해하고 새로운 치료법을 개발하는 데 큰 도움이 된다. 안과 질환 연구에서는 망막세포의 기능을 복원하거나 개선하는 데 사용되어 시력을 회복하는 치료법으로 주목받고 있고, 뇌전증 연구에서는 발작을 유발하는 특정 신경 회로를 식별하고 억제하는 데 활용되면서 정확한 치료 타깃을 찾는 데 사용한다. 또한 파킨슨병 연구에서는 운동 조절에 관여하는 기저핵 회로를 조절하여 증상을 개선하는 방법을 찾는다.30

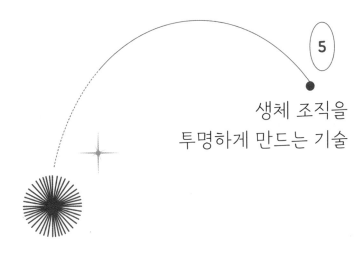

5

생체 조직을
투명하게 만드는 기술

그렇다면 살아서 움직이는 생쥐 뇌 전체를 실시간으로 관찰할 수 있을까? 이것은 많은 신경과학자들의 꿈이겠지만 이를 위해서는 넘어야 할 장벽이 많다. 그 해결 방법 중에서 뇌를 더 깊고 또렷하게 관찰하려는 조직 투명화 기술을 살펴보자.

뇌를 관찰하는 방법으로는 일반적으로 형광 방식과 비표지 label-free 방식이 있다. 형광 방식은 DNA, RNA, 단백질에 형광 물질을 붙인 다음 레이저로 시료에 빛을 쏘여 방출되는 형광 신호를 측정하는 것이다. 반면 비표지 방식은 형광 물질이나 표지를 사용하지 않고 현미경으로 직접 관찰하는 방법으로, 시료를 원래 상태로 유지하면서 관찰할 수 있어 형광 물질에 의한 변형 없이 관찰할 수 있다. 비표지 방식을 쓰는 측정 도구를 이용해 레이저로 시료에 빛을 쪼이면 산란한 빛의 파장 변화를 분석할 수도 있고, 빛의 간섭 현상을 이용해 영상을 얻을 수도 있다.

뇌에는 물을 포함한 생체 물질이 가득해서 뇌 시료가 담겨 있는 배양액과 굴절률에서 차이가 있다. 굴절률은 진공에서 빛의 속도와 특정 매질에서 빛의 속도를 비교한 값으로, 물의 굴절률은 약 1.33이다. 빛은 굴절률이 다른 두 매질의 경계면에서 산란한다. 산란을 줄이면서 효율적으로 신호를 전달하고 검출하기 위해, 레이저에서 나온 빛이 시료에 도달하고 다시 시료에서 방출된 신호가 검출기에 도달하는 경로상의 모든 매질의 굴절률을 최대한 일치시켜야 한다. 이를 통해 빛의 경로에서 굴절이나 신호 손실을 최소화해서 실험과 측정 데이터의 정확성을 높일 수 있다. 이때 생체 조직을 투명하게 만들어서 조직의 굴절률과 배양액의 굴절률을 맞춰주면 두 매질의 경계에서 발생하는 산란을 줄일 수 있다. 또한 조직을 투명하게 만들면 생체 시료 내부에 있는 물질에 의해 빛이 흡수되는 현상도 줄일 수 있다. 이런 이유로 조직 투명화 기술이 개발되었다.31

현대적인 조직 투명화 기술은 2007년 독일 막스플랑크연구소의 한스울리히 도트Hans-Ulrich Dodt 연구팀이 발표한 논문에서 시작되었다고 본다.32 이 연구팀은 생쥐의 뇌를 적출해서 벤질 알코올과 벤질 벤조에이트에 이틀 이상 담가 투명하게 만들고, 이를 광시트 현미경light sheet microscope으로 관찰해서 녹색 형광단백질이 발현된 신경세포의 영상을 얻었다. 광시트 현미경이란 얇은 면 모양의 빛을 생체 시료에 조명하고 그 수직 방향에서 형광을 검출하는 현미경이다. 도트 연구팀은 조직 투명화 기술과 광시트 현미경을 결합한 시스템을 울트라현미경Ultramicroscopy이라고 명명했다.

조직 투명화 기술이 큰 관심을 끈 것은 칼 다이서로스 연구팀이 2013년 하이드로겔을 이용한 클래리티CLARITY 기술을 보고하면서부터였다.33 이 기술은 생체 조직에 하이드로겔을 넣어준 다음 온도를 37℃로 올려서 하이드로겔의 중합반응을 촉진해 생체 조직과 결합시킨다. 그 후 계면활성제를 넣어서 세포막과 지질을 제거한다. 지질은 생체 조직에서 빛을 산란하는 물질이라 이를 제거하면 조직이 투명해지지만 조직의 구조를 지지하는 역할을 하기 때문에 하이드로겔이 지질의 역할을 대신해야 조직 형태가 보존된다. 이렇게 다이서로스 연구팀은 조직의 구조는 그대로 유지하면서도 투명하게 만드는 방법을 개발했다.

특히 클래리티 개발을 주도했던 정광훈 연구원은 2013년에 MIT 교수로 임용되어 김성연 연구원과 함께 회전하는 전기장을 이용해 큰 생체 조직을 빠르고 균질하게 염색할 수 있는 기술을 개발했다.34 2019년에는 MIT에서 정광훈 교수와 박영균 연구원이 폴리에폭시를 이용한 조직 투명화 기술인 실드stabilization to harsh conditions via intramolecular epoxide linkages to prevent degradation, SHIELD를 발표하기도 했다.35

클래리티 기술이 등장한 이후로 다양한 조직 투명화 기술이 개발되었다. 지금까지 개발된 조직 투명화 기술은 크게 세 가지로 나뉜다. 첫 번째는 소수성 방법으로, 유기 용매를 이용해 조직을 투명하게 만든다. 이 방법은 투명하게 만드는 시간이 짧게 걸리고 효율도 좋지만, 조직의 크기가 줄어들고 생체 물질에 결합한 형광 표지가 신호를 방출하지 않는 광표백이 빠르게 일어난다는 문제가 있다. 두 번째로 친수성 방법이 있다. 수용성 용매를 주로 사용하기 때문에 생체 시료가 크게 변형되지 않는다는 장점이 있는 반면, 투명화 효율이 낮고 시간이 오래 걸린다. 세 번째가 하이드로겔을 사용하는 방법인데, 단백질뿐만 아니라 DNA나 RNA도 관찰할 수 있다는 장점이 있지만 투명화하는 데 시간이 오래 걸린다. 그래서 외부에서 회전하는 전기장을 걸어주는 과정을 추가해서 투명화 시간을 단축하기도 한다.[36]

2024년 정광훈 교수 연구팀은 인간 뇌세포의 3차원 연결망을 고해상도 영상으로 얻어 분석할 수 있는 기술을 개발해《사이언스》에 발표했다.[37] 연구팀이 개발한 플랫폼은 메가톰mechanically enhanced great-size abrasion-free vibratome, MEGAtome, 엠엘라스트magnifiable entangled link-augmented stretchable tissue-hydrogel, mELAST, 언슬라이스unification of neighboring sliced-tissues via linkage of interconnected cut fiber endpoints, UNSLICE 라는 세 기술을 통합한 것이다. 메가톰은 뇌 조직을 손실 없이 정밀하게 절단할 수 있고, 엠엘라스트는 하이드로겔을 이용해 뇌 조직을 투명하고 탄성 있게 만드는 것이며, 언슬라이스는 뇌 절편에서 얻은 영상을 3차원으로 재구성하는 계산 알고리즘이다. 연구팀은 이 플랫폼을 이용해 뇌 조직을 손상 없이 자르고 투명한 하이드로 겔로 만들어 3차원 영상으로 재구성했다. 그리고 정상인의 뇌와 알츠하이머 환자의 뇌에서 영상을 얻어 비교 분석했다. 분석 결과, 알츠하이머 질환의 특징인 신경세포 손실, 타우 단백질 축적, 아밀로이드 베타 플라크 형성 등을 3차원으로 관찰할 수 있었다.

이렇듯 조직 투명화 기술을 이용해 인간 뇌 조직을 투명하게 만들어 손상 없이 절편으로 만들어 영상을 얻고 뇌의 구조와 기능을 종합적으로 이해할 수 있다. 연구자들은 여러 뇌 질환의 메커니즘을 연구하고 새로운 치료법을 개발하고 있다.

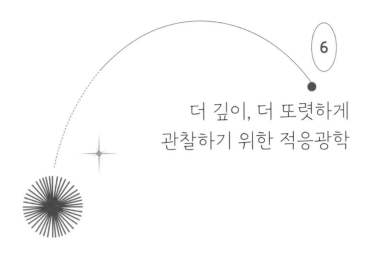

더 깊이, 더 또렷하게
관찰하기 위한 적응광학

생명체를 더 깊이 더 또렷하게 보는 것은 생명현상을 이해하는 데 중요하다. 앞 절에서 살펴본 조직 투명화 기술도 여기에 연구 목적이 있다. 이번 절에서 살펴볼 적응광학과 딥러닝을 이용한 잡음 제거는 생체 조직에 화학적 변형을 가하지 않으면서 광학과 인공지능을 이용해 더 깊고 명확하게 생명체를 관찰하는 방법이다.

적응광학은 원래는 천문학에서 활용하던 기술이었다. 지상의 망원경으로 우주를 관찰할 때 우주에서 온 빛이 대기에서 산란하기 때문에 결과값이 왜곡된다. 따라서 천문학자들은 대기에 의한 빛의 파면wavefront을 측정하고 왜곡을 보정해서 선명한 영상을 얻는다. 이 기술이 현미경을 이용한 생명체 관찰에 적용되었다.

현미경의 대물렌즈에서 나온 빛은 시료에 도달하는 과정에서 생체 물질에 의해 산란하고 흡수된다. 그래서 시료에 의한 파면 왜곡을 미리 측정해서 보정하면 더 깊은 곳까지 더 또렷하게 볼 수 있다.38

현미경에 적용된 적응광학 기술에는 두 종류가 있다. 직접 파면 검출 방식은 왜곡된 파면을 검출기로 측정해서 파면 왜곡을 보정해주는 장치에 그대로 입력하는 것이다. 다른 하나는 간접 파면 검출 방식으로, 카메라나 광전증폭관을 이용해 생체 시료의 영상을 얻고 특정 기준값(예를 들면 신호 세기)이 최적화되는 파면을 계산해서 이를 파면 보정 장치에 입력해서 보정하는 것이다. 직접 검출 방식은 파면을 직접 측정하기 때문에 왜곡을 측정하고 보정하는 과정을 빠르게 처리할 수 있지만, 파면을 직접 검출하는 장치가 비싸다는 단점이 있다. 반면 간접 검출 방식은 비교적 저렴한 카메라로도 파면 왜곡을 검출할 수 있다는 장점이 있지만, 왜곡 정도를 계산해야 하기 때문에 보정에 시간이 걸린다는 단점이 있다.39

2023년 고려대학교 최원식 교수 연구팀은 적응광학 기술과 초고해상도 현미경을 결합해 제브라피시에서 회절 한계 이하의 생체 구조를 규명했다.40 필자도 참여한 이 연구는 시료의 물리적 특성을 행렬로 표현하는 클래스Closed-loop accumulation of single-scattering, CLASS 기술과 1장에서 다룬 초고해상도 현미경을 결합해서 제브라피시의 섬모cilia와 희소돌기아교세포를 초고해상도 영상으로 얻었다.

인공지능을 이용해 현미경으로 찍은 영상의 신호 대 잡음비를 개선하거나 해상도를 높이는 연구도 수행되고 있다.41 잡음 제거 기술은 여러 형태의 잡음을 줄여서 영상의 해상도를 높이고 왜곡을 보정하는 것인데, 특히 칼슘 이온을 통해 신경세포의 활성을 알려주는 광유전학에 많이 활용되고 있다. 세포 내 칼슘 이온Ca^{2+}은 신호 전달, 근육 수축, 신경 전달 등 생리적 과정에서 중요한 기능을 하므로, 신경세포에서 칼슘 신호는 시냅스 전달과 신경 활동을 나타내는 지표다. 칼슘 신호는 빠르게 변하기 때문에, 측정할 만큼 강한 신호를 잡아내기가 쉽지 않다. 그래서 인공지능으로 더 선명한 신호를 얻는 연구들이 발표되고 있다.

칭화대학교 다이충하이戴琼海 연구팀은 살아 있는 생쥐의 뇌에 있는 신경세포의 활성을 측정한 다음, 딥러닝 알고리즘인 딥캐드DeepCAD를 이용해 신호 대 잡음비를 개선한 연구를 발표했다.42 연구 결과에 따르면 딥캐드를 이용해 분석했더니 신호 대 잡음비가 10배 이상 증가했다. 2023년에는 같은 연구팀에서 딥러닝 알고리즘을 개선해 이전 딥러닝 모델보다 적은 파라미터를 이용해 계산 시간을 줄이면서도 성능을 개선한 딥캐드-알티DeepCAD-RT를 발표하기도 했다.43 또한 KAIST 윤영규 교수 연구팀은 2023년에 딥러닝 분석 중에 발생하는 편향을 보정하면서도 빠르게 변하는 칼슘 영상을 분석할 수 있는 서포트SUPPORT 알고리즘을 발표했다.44

이 장에서는 세포에서 일어나는 생명현상을 물리적으로 관찰하고 해석하는 내용을 다루었다. 세포 안에는 DNA나 RNA처럼 생명 정보를 포함한 물질도 있고, 단백질처럼 구체적으로 기능하는 물질도 있다. 이처럼 세포 안에 있는 물질들 사이의 동역학을 다루는 게 세포 물리학이다. 물리학의 핵심 개념은 시간, 공간, 운동인데, 이것들을 가지고 생명현상을 들여다보는 게 생물물리학이다. 생물물리학자는 신경세포를 하나씩 켜고 끌 수 있는 광유전학을 이용해 수 밀리초 동안 변화하는 활동전위를 측정하면서 신경회로를 연구하기도 하고, 잡음이 많은 활동전위 신호를 더 깊은 곳에서 더 또렷하게 볼 수 있는 적응광학과 딥러닝 모델을 만들기도 한다.

생물물리학의 미래

시간, 공간, 운동은 물리학의 기초인데, 인간은 물체가 3차원 공간에서 시간에 따라 변하는 운동을 지각한다. 운동이 일반적인 용어라면, 동역학 또는 운동학kinematics은 물리학적인 관점에서 물체의 운동을 설명한다. 블랙홀 같은 우주론부터 힉스 입자를 발견한 입자물리학까지, 물리학자는 이 세 가지 기초를 다룬다. 생물물리학은 우주론과 입자물리학 사이에 있는 중간 크기의 물체에 관심이 있는데, 특히 생명현상을 다룬다. 인간은 살아 있는 생명체를 금방 알아볼 수 있지만, 생명의 과정은 알기 어렵다. 생명체를 연구하는 생명과학이 있지만, 생물물리학은 시간, 공간, 운동으로 생명체를 바라본다.

물리학이 다른 학문과 다른 점은 측정 도구를 만들어 그동안 못 봤던 현상을 관찰한다는 것이다. 우주를 관찰하는 데 사용되는 제임스 웹 우주 망원경과 유럽입자물리연구소의 강입자가속기처럼, 새로운 도구를 개발하면 인간의 인식도 확장된다. 생물물리학도 여러 현미경을 직접 만들어 생명체를 들여다보면서 그동안 몰랐던 것을 알 수 있었다. 이 책에서 다룬 초고해상도현미경, 단분자 형광공명에너지전달, 광족집게, 자성집게, 단백질 구조를 분석하는 인공지능까지 생물물리학은 도구 개발의 역사이기도 하다. 한편 생물물리학자는 도구만 개발하는 게 아니라 생명현상을 새로 알아내고 인간의 질병을 치료하는 데 기여하고 있다.

물리학의 또 다른 특징을 꼽는다면 이론과 실험이다. 이론은 주로 수학을 이용해 자연 현상을 추상화하고 모형을 만드는 것이라면, 실험은 측정 도구를 이용해 연구자의 가설이 맞는지 입증하는 것이다. 이론물리학자는 자연을 관찰하는 모형이 먼저 있어야 무엇을 측정해서 어떤 결과를 얻을지 추정할 수 있다고 본다. 반면 실험물리학자는 모형이 아무리 멋져도 자연 현상과 일치하지 않으면 가설일 뿐이라고 여긴다. 그래서 이론물리학자와 실험물리학자 사이에는 약간의 긴장 관계가 있다. 생물물리학 분야에는 직접 측정 장비를 만들고 모델 생물을 배양하면서 실험하는 실험생물물리학자가 있고, 수학과 인공지능을 이용해 생명현상의 모형을 만드는 수리생물학자 또는 계산생물학자가 있다. 최근에는 공동 연구를 통해 이론과 실험을 결합하여 생명현상을 연구하고 있다.

현대적인 생물물리학은 1953년 DNA 이중나선 구조의 발견에서 시작되었다. 왓슨과 크릭이 케임브리지대학교 물리학과 캐번디시 연구소 소속이었고, DNA 구조의 실험적인 증거도 로절린드 프랭클린이 X선으로 찍은 회절 사진이었다. 또한 DNA 이중나선 규명 이후에 등장한 최신 측정 도구로 알아낸 생명현상도 그 이전과 크게 다르기 때문이다. 이 시기를 기준으로 보면 현대 생물물리학은 70년이 조금 넘는다. 한국에서도 생물물리학이 한국물리학회의 분과로 인정된 게 2019년이다. 그래서 생물물리학은 신생 학문에 가깝다.

2022년에 한국물리학회에서 발표된 〈물리학 분야 분야별 지원 체계 고도화 기획연구 보고서〉에 따르면, 한국물리학회 생물물리 분과는 정회원과 학생회원을 합쳐서 156명이다.[1] 이 결과는 2019년부터 2021년 중 한국물리학회에 등록한 회원을 집계한 것이다. 회원이 복수의 분과에 등록하는 경우가 있기 때문에 정회원은 다른 분과와 중복되기도 했다. 학생회원은 분과회원 등록을 하지 않은 경우도 있었다고 한다. 이런 조사의 여러 제한점이 있었지만, 보고서는 국내 생물물리 연구자 수를 대략적으로 반영한다. 2022년에는 미국 과학, 공학, 의학 아카데미National Academies of Sciences, Engineering, and Medicine에서 미국 내 생물물리학의 연구 동향을 보고서로 발표하기도 했다.[2]

그러면 생물물리학의 미래는 어떨까? 앞으로도 생물물리학은 이 책에서 다룬 주제와 도구를 이용해서 생명현상을 이해하려 노력할 것이다. 최근 주목받고 있는 오가노이드를 사례로 살펴보자. 유사 장기체로 번역되기도 하는 오가노이드는 배아줄기세포embryonic stem cell나 성체세포를 역분화한 유도 만능 줄기세포induced pluripotent stem cell로 제작된다. 신약을 개발하거나 질병 연구를 할 때 모델생물(특히 생쥐)을 주로 사용하는데, 인간과 모델생물 사이에는 비슷한 점도 있지만 차이점도 있다. 그래서 모델생물에서 약물이 효과가 있다고 해서 인체에도 그대로 효과가 입증되지 않는 경우가 많다. 알츠하이머 질환 연구는 생쥐 같은 동물모델을 이용해 연구가 수행되고 있다. 하지만 동물모델에서 유효했던 방법이 임상에서는 효력이 없다는 연구가 다수 발표되면서, 인체와 비슷한 모델이 필요하다는 의견이 공감을 얻었다. 특히 신약과 질병 연구는 안전성이 최우선으로 고려되어야 하기 때문에, 동물모델보다 인체에 가까운 모델이 필요했다.

그러다가 야마나카 신야山中伸弥, Yamanaka Shinya와 존 거든John B. Gurdon이 성체세포를 줄기세포로 역분화하는 방법을 알아내면서 오가노이드가 주목받기 시작했다.3 인체세포를 이용해 장기 유사체를 만든다면 신약이 안전한지 인체세포에서 확인할 수 있다. 또한 질병을 치료하기 위한 약물이 모델생물이 아닌 인간의 장기 유사체에서 확인할 수 있다. 질환자의 세포를 이용해 제작한 오가노이드와 건강한 사람의 세포를 이용한 오가노이드를 비교해서 약물의 반응을 비교 분석할 수도 있다. 지금은 간, 장, 심장, 뇌 등 대부분의 인체 장기와 유사한 오가노이드를 만들 수 있다. 국내에서 오가노이드 연구를 선도하는 고려대학교 의과대학 선웅 교수가 쓴 책《나는 뇌를 만들고 싶다》에서 뇌 오가노이드로 무엇을 연구하고 있는지 살펴볼 수 있다.4

여기서 뇌 오가노이드 연구를 선도하고 있는 스탠퍼드대학교 세르기우 파스카Sergiu Pasca 연구팀의 결과를 살펴보자. 파스카 연구팀은 2022년《네이처》에 발표한 논문에서 뇌 오가노이드의 발달 과정을 추적하고 검증한 결과를 발표했다.5 이 연구팀은 같은 대학교 칼다이서로스 연구팀과 공동으로 인간 뇌 오가노이드를 쥐의 뇌에 이식해서 오가노이드가 성공적으로 쥐의 뇌와 통합된다는 결과를 이광자 현미경으로 관찰했다. 다이서로스 연구팀은 이 책에서 다룬 조직 투명화 기술과 광유전학 기술을 개발한 성과로 유명하다. 이 연구에 이어 2024년에는 뇌 신경세포의 칼슘 채널과 관련된 질환인 티모시 증후군Timothy syndrome을 치료할 수 있는 방법을 오가노이드로 입증한 결과를 발표했다.6 이처럼 오가노이드를 이용한 질병 연구는 최신 생물물리학 도구와 이론이 결합된 연구 주제다. 오가노이드는 인공지능과 함께 미래에 생물물리학의 중요한 연구 방법이 될 것이다.

이 책을 읽고 물리학과에 가서 생물물리를 공부하겠다거나 의대에 가서 생물물리학으로 질병을 연구하겠다는 학생이 늘어나길 희망한다. 최근 양자역학이 선풍적인 인기를 끌면서 지하철에서 슈뢰딩거의 고양이를 이야기하는 걸 보았다. 생물물리학이 한국의 문화가 되어 단분자 형광공명에너지전달에 관한 대화를 거리에서 듣는 날이 오길 바란다.

책을 쓰는 건 긴 시간과 과정이 필요한 일이다. 우선 필자를 생물물리학으로 안내한 은사와 동료의 덕이 크다. 생물물리학자로서 배우고 훈련받던 대학원 시절 은사인 서울대학교 홍성철 교수님과 고ᐟ 소광섭 교수님께 감사드린다. 두 분 덕분에 물리학자의 시선으로 생명현상을 관찰하는 법을 배웠다. 가톨릭대학교 김문석 교수님, 조경옥 교수님, 구희범 교수님, 이상화 교수님, 고려대학교 최원식 교수님, 서울대학교 배상수 교수님은 생물물리학의 시각을 넓히는 데 도움을 주셨다. 많은 동료 연구자, 특히 민철홍 박사님, 정승원 박사님, 최은진 박사님, 박경진 박사님, 한석영 연구원님과의 공동 연구와 대화가 이 책의 아이디어를 개발하는 데 도움이 되었다. 직접 만난 적은 없지만, 동시대 생물물리학을 연구하고 있는 전 세계 동료 연구자에게도 감사드린다. 이들의 놀라운 연구와 논문 덕분에 이 분야가 발전하고 있어서 자부심을 느낀다. 긴 시간을 함께하면서 조언과 지지를 보내준 친구이자 지적 동료인 정재학, 구형찬, 심형준에게도 감사한다.

이 책의 초기 아이디어는 2021년 한국과학창의재단 과학문화

전문인력 양성 프로그램에 참여하면서 발전했다. 당시 과학저술가 과정을 이수하고 팀별로 책의 차례와 원고 일부를 집필했다. 필자가 속한 팀을 이끌어주었던 장은수 선생님, 팀 동료였던 하민영, 김봄이 선생님께도 감사드린다. 이 프로그램 덕분에 책을 써볼 마음을 먹었다.

이 책의 방향을 조정하면서 편집해준 플루토 박남주 대표님과 담당 편집자에게도 감사드린다. 출판사 대표님과 편집자님은 거칠었던 차례와 초고를 다듬고, 일반 독자를 대상으로 글을 쓸 수 있도록 격려해주었다.

마지막으로 가족에게 감사하다. 수많은 저자들이 빼놓지 않고 가족에게 감사의 말을 전하는지 이 책을 쓰면서 깨달았다. 가족의 지지와 인내가 없다면 결코 책 한 권을 완성할 수 없었다. 부모님, 누님들, 형님, 조카들, 그리고 아내 미희와 반려견 밤이의 다정한 격려와 응원 덕분에 이 책이 세상에 나올 수 있었다.

주석

1장

1 Huang, B., Wang, W., Bates, M., & Zhuang, X. Three-Dimensional Super-Resolution Imaging by Stochastic Optical Reconstruction Microscopy. *Science* **319**, 810−813 (2008). Xu, K., Zhong, G., & Zhuang, X. Actin, Spectrin, and Associated Proteins Form a Periodic Cytoskeletal Structure in Axons. *Science* **339**, 452−456 (2013).

2 Doksani, Y., Wu, John Y., de Lange, T., & Zhuang, X. Super-Resolution Fluorescence Imaging of Telomeres Reveals TRF2-Dependent T-loop Formation. *Cell* **155**, 345−356 (2013).

3 Dani, A., Huang, B., Bergan, J., Dulac, C., & Zhuang, X. Superresolution Imaging of Chemical Synapses in the Brain. *Neuron* **68**, 843−856 (2010).

4 에른스트 루스카는 전자현미경을 개발한 공로로 1986년 노벨물리학상을 수상했다.

5 초저온전자현미경을 개발한 자크 두보셰Jacques Dubochet, 요아킴 프랑크Joachim Frank, 리처드 헨더슨Richard Henderson은 2017년 노벨화학상을 수상했다.

6 카밀로 골지Camilo Golgi와 산티아고 라몬 이 카할Santiago Ramon y Cajal은 1906년 노벨생리의학상을 공동 수상했다.

7 형광단백질을 발견하고, 이것을 생물학 연구에 활용한 시모무라 오사무, 마틴 챌피Martin Chalfie, 로저 첸Roger Y. Tsien은 2008년 노벨화학상을 공동으로 수상했다.

8 https://www.fpbase.org/

9 Abbe, E. Ueber einen neuen Beleuchtungsapparat am Mikroskop. *Archiv f. mikrosk. Anatomie* **9**, 469−480 (1873).

10 Hink, M. A. et al. Structural Dynamics of Green Fluorescent Protein Alone and Fused with a Single Chain Fv Protein*. *J. Biol. Chem.* **275**, 17556−17560 (2000).

11 Hell, S. W. & Wichmann, J. Breaking the diffraction resolution limit by stimulated emission: stimulated-emission-depletion fluorescence microscopy. *Opt. Lett.* **19**, 780−782 (1994).

12 Betzig, E. *et al.* Imaging Intracellular Fluorescent Proteins at Nanometer Resolution. *Science* **313**, 1642−1645 (2006).

13 Rust, M. J., Bates, M. & Zhuang, X. Sub-diffraction-limit imaging by stochastic optical reconstruction microscopy (STORM). *Nat. Methods* **3**, 793−796 (2006).

2장

1 Ashkin, A. Acceleration and Trapping of Particles by Radiation Pressure. *Phys. Rev. Lett.* **24**, 156−159 (1970).

2 아서 애시킨은 광족집게와 이 기술을 이용한 생물 시스템 연구에 기여한 공로로 2018년 노벨물리학상을 수상했다.

3 Svoboda, K., Schmidt, C., Schnapp, B. *et al.* Direct observation of kinesin stepping by optical trapping interferometry. *Nature* **365**, 721−727 (1993).

4 Svoboda, K., Schmidt, C., Schnapp, B. *et al.* Direct observation of kinesin stepping by optical trapping interferometry. *Nature* **365**, 721–727 (1993).

5 Kodera, N., Yamamoto, D., Ishikawa, R. *et al.* Video imaging of walking myosin V by high-speed atomic force microscopy. *Nature* **468**, 72–76 (2010).

6 Imai, H., Shima, T., Sutoh, K. *et al.* Direct observation shows superposition and large scale flexibility within cytoplasmic dynein motors moving along microtubules. *Nat. Commun.* **6**, 8179 (2015).

7 Watson, J., Crick, F. Molecular Structure of Nucleic Acids: A Structure for Deoxyribose Nucleic Acid. *Nature* **171**, 737–738 (1953).

8 Abbondanzieri, E., Greenleaf, W., Shaevitz, J. *et al.* Direct observation of base-pair stepping by RNA polymerase. *Nature* **438**, 460–465 (2005).

9 Feynman, R. P. There's Plenty of Room at the Bottom. *Engineering and Science* **23**, 22–36 (1960). 한글 번역문은 다음 링크에서 볼 수 있다. http://microsystems.mju.ac.kr/1552

10 Ha, T. *et al.* Probing the interaction between two single molecules: fluorescence resonance energy transfer between a single donor and a single acceptor. *Proc. Natl. Acad. Sci. U.S.A.* **93**, 6264–6268 (1996).

3장

1 Watson, J., Crick, F. Molecular Structure of Nucleic Acids: A Structure for Deoxyribose Nucleic Acid. *Nature* **171**, 737–738 (1953).

2 제임스 왓슨, 《이중나선: 생명구조에 대한 호기심으로 DNA구조를 발견한 이야기》, 최돈찬 옮김, 궁리, 2019.

3 토마스 린달Tomas Lindahl, 폴 모드리치Paul Modrich, 아지즈 산자르Aziz Sancar는 손상된 DNA를 복구하고 유전 정보를 보호하는 과정을 밝힌 공로로 2015년 노벨화학상을 받았다.

4 Watson, J., Crick, F. Genetical Implications of the Structure of Deoxyribonucleic Acid. *Nature* **171**, 964–967 (1953).

5 Wilkins, M., Stokes, A. & Wilson, H. Molecular Structure of Nucleic Acids: Molecular Structure of Deoxypentose Nucleic Acids. *Nature* **171**, 738–740 (1953).

6 Franklin, R., Gosling, R. Molecular Configuration in Sodium Thymonucleate. *Nature* **171**, 740–741 (1953).

7 Crick, F. H. C., & Hughes, A. F. W. The physical properties of cytoplasm: A study by means of the magnetic particle method Part I. Experimental. *Exp. Cell Res.* **1**, 37–80 (1950).

8 Schrödinger, E. Are There Quantum Jumps? Part I. *Br. J. Philos. Sci.* **3**, 109–123 (1952); Schrödinger, E. Are There Quantum Jumps? Part II. *Br. J. Philos. Sci.* **3**, 233–242 (1952).

9 Choi, H.-K., Kim, H. G., Shon, M. J., & Yoon, T.-Y. High-Resolution Single-Molecule Magnetic Tweezers. *Annu. Rev. Biochem.* **91**, 33–59 (2022).

10 Strick, T. R., Allemand, J.-F., Bensimon, D., Bensimon, A., & Croquette, V. The Elasticity of a Single Supercoiled DNA Molecule. *Science* **271**, 1835–1837 (1996).

11 G. A. King, *et al.* Supercoiling DNA optically. *Proc. Natl. Acad. Sci. U.S.A.* **116**, 26534–

26539 (2019).

12 Thuy T. M. Ngo, *et al.*, Asymmetric Unwrapping of Nucleosomes under Tension Directed by DNA Local Flexibility. *Cell* **160**, 1135–1144 (2015).

4장

1 원문은 아래 링크에서 확인할 수 있다. https://royalsociety.org/-/media/events/2023/03/human-genome-editing-summit/statement-from-the-organising-committee-of-the-third-international-summit-on-human-genome-editing.pdf (2024년 4월 5일 접속)

2 Liao, W.-W. *et al.* A draft human pangenome reference. *Nature* **617**, 312–324 (2023).

3 DNA 복구 기작을 발견한 토마스 린달, 폴 모드리치Paul Modrich, 아지즈 산자르Aziz Sancar가 2015년 노벨화학상을 공동 수상했다.

4 Lindahl, T. An N-Glycosidase from Escherichia *coli* That Releases Free Uracil from DNA Containing Deaminated Cystosine Residues. *Proc. Natl. Acad. Sci. U.S.A.* **71**, 3649–3653 (1974).

5 Lahue, R. S, Au, K. G. and Modrich, P. DNA Mismatch Correction in a Defined System. *Science* **245**, 160–164 (1989).

6 Sancar, A. and Rupp, W. D. A Novel Repair Enzyme: UVRABC Excision Nuclease of Escherichia coil Cuts a DNA Strand on Both Sides of the Damaged Region. *Cell* **33**, 249–260 (1983).

7 Sonoda, E., Hochegger, H., Saberi, A., Taniguchi, Y. & Takeda, S. Differential usage of non-homologous end-joining and homologous recombination in double strand break repair. *DNA Repair* **5**, 1021–1029 (2006).

8 Urnov, F. D. *et al.* Highly efficient endogenous human gene correction using designed zinc-finger nucleases. *Nature* **435**, 646–651 (2005).

9 Miller, J. C. *et al.* A TALE nuclease architecture for efficient genome editing. *Nat. Biotechnol.* **29**, 143–148 (2011).

10 Gaj, T., Gersbach, C. A. & Barbas, C. F. ZFN, TALEN, and CRISPR/Cas-based methods for genome engineering. *Trends Biotechnol.* **31**, 397–405 (2013).

11 Ichikawa, D.M., Abdin, O., Alerasool, N. *et al.* A universal deep-learning model for zinc finger design enables transcription factor reprogramming. *Nat. Biotechnol.* **41**, 1117–1129 (2023).

12 Deltcheva, E., *et al.*, CRISPR RNA maturation by trans-encoded small RNA and host factor RNase III. *Nature* **471**, 602–607 (2011).

13 서울대학교 의과대학 배상수 교수 연구팀이 운영하는 크리스퍼 계산 시뮬레이터인 '크리스퍼 알젠 툴스'(CRISPR RGEN Tools, http://www.rgenome.net/)에서 설계할 수 있다.

14 Wang, J. Y. & Doudna, J. A. CRISPR technology: A decade of genome editing is only the beginning. *Science* **379**, eadd8643 (2023).

15 Cong, L., *et al.*, Multiplex Genome Engineering Using CRISPR/Cas Systems. *Science* **339**, 819–823 (2013).

16 Gaudelli, N. M. *et al.* Programmable base editing of A•T to G•C in genomic DNA without DNA cleavage. *Nature* **551**, 464–471 (2017). Anzalone, A. V. *et al.* Search-and-replace genome editing without double-strand breaks or donor DNA. *Nature* **576**, 149–157 (2019).

17 Zhao, Z., Shang, P., Mohanraju, P. & Geijsen, N. Prime editing: advances and therapeutic applications. *Trends Biotechnol.* **41**, 1000–1012 (2023).

18 Sanger, F., Nicklen, S., & Coulson, A. R. DNA sequencing with chain-terminating inhibitors. Proc. *Natl. Acad. Sci. U.S.A.* **74**, 5463–5467 (1977). Sanger, F., Air, G., Barrell, B. *et al.* Nucleotide sequence of bacteriophage φX174 DNA. *Nature* **265**, 687–695 (1977).

19 Maxam, A. M. & Gilbert, W. A new method for sequencing DNA. *Proc. Natl. Acad. Sci. U.S.A.* **74**, 560–564 (1977).

20 Bentley, D., Balasubramanian, S., Swerdlow, H. *et al.* Accurate whole human genome sequencing using reversible terminator chemistry. *Nature* **456**, 53–59 (2008).

21 Eid, J., *et al.* Real-Time DNA Sequencing from Single Polymerase Molecules. *Science* **323**, 133–138 (2009).

22 Wang, Y., Zhao, Y., Bollas, A. *et al.* Nanopore sequencing technology, bioinformatics and applications. *Nat. Biotechnol.* **39**, 1348–1365 (2021).

5장

1 Gilbert, W. Origin of life: The RNA world. *Nature* **319**, 618 (1986).

2 Müller, F., Escobar, L., Xu, F. *et al.* A prebiotically plausible scenario of an RNA–peptide world. *Nature* **605**, 279–284 (2022).

3 Joyce, G. The antiquity of RNA-based evolution. *Nature* **418**, 214–221 (2002).

4 Song, E., Uhm, H., Munasingha, P.R. *et al.* Rho-dependent transcription termination proceeds via three routes. *Nat. Commun.* **13**, 1663 (2022). Song, E. *et al.* Transcriptional pause extension benefits the stand-by rather than catch-up Rho-dependent termination. *Nucleic Acids Res.* **51**, 2778–2789 (2023).

5 Fire, A., Xu, S., Montgomery, M. *et al.* Potent and specific genetic interference by double-stranded RNA in *Caenorhabditis elegans*. *Nature* **391**, 806–811 (1998).

6 앤드루 파이어Andrew Fire와 크레이그 멜로Craig Mello는 RNA간섭을 발견한 공로로 2006년 노벨생리의학상을 받았다.

7 Lee, R. C., Feinbaum, R. L. & Ambros, V. The *C. elegans* heterochronic gene *lin-4* encodes small RNAs with antisense complementarity to *lin-14*. *Cell* **75**, 843–854 (1993). Wightman, B., Ha, I. & Ruvkun, G. Posttranscriptional regulation of the heterochronic gene *lin-14* by *lin-4* mediates temporal pattern formation in C. elegans. *Cell* **75**, 855–862 (1993).

8 빅터 앰브로스Victor Ambros와 개리 러브컨Gary Ruvkun은 miRNA를 발견한 공로로 2024년 노벨생리의학상을 수상했다.

9 Reinhart, B., Slack, F., Basson, M. *et al.* The 21-nucleotide *let-7* RNA regulates developmental timing in *Caenorhabditis elegans*. *Nature* **403**, 901–906 (2000). Pasquinelli, A. E. *et al.* Conservation of the sequence and temporal expression of *let-7* heterochronic regulatory RNA. *Nature* **408**, 86–89 (2000).

10 Shang, R., Lee, S., Senavirathne, G. & Lai, E. C. microRNAs in action: biogenesis, function and regulation. *Nat. Rev. Genet.* **24**, 816–833 (2023).

11 Lee, Y., Ahn, C., Han, J. *et al.* The nuclear RNase III Drosha initiates microRNA processing. *Nature* **425**, 415–419 (2003).

12 Liu, Z. & Zhang, Z. Mapping cell types across human tissues. *Science* **376**, 695–696 (2022). Suo, C. *et al.* Mapping the developing human immune system across organs. *Science* **376**, eabo0510 (2022). Domínguez Conde, C. *et al.* Cross-tissue immune cell analysis reveals tissue-specific features in humans. *Science* **376**, eabl5197 (2022). Eraslan, G. *et al.* Single-nucleus cross-tissue molecular reference maps toward understanding disease gene function. *Science* **376**, eabl4290 (2022). Consortium, T. T. S. *et al.* The Tabula Sapiens: A multiple-organ, single-cell transcriptomic atlas of humans. *Science* **376**, eabl4896 (2022).

13 Hickey, J.W., Becker, W.R., Nevins, S.A. *et al.* Organization of the human intestine at single-cell resolution. *Nature* **619**, 572–584 (2023). Lake, B.B., Menon, R., Winfree, S. *et al.* An atlas of healthy and injured cell states and niches in the human kidney. *Nature* **619**, 585–594 (2023). Greenbaum, S., Averbukh, I., Soon, E. *et al.* A spatially resolved timeline of the human maternal–fetal interface. *Nature* **619**, 595–605 (2023). Jain, S., Pei, L., Spraggins, J.M. *et al.* Advances and prospects for the Human BioMolecular Atlas Program (HuBMAP). *Nat. Cell Biol.* **25**, 1089–1100 (2023).

14 Schena, M., Shalon, D., Davis, R. W. & Brown, P. O. Quantitative Monitoring of Gene Expression Patterns with a Complementary DNA Microarray. *Science* **270**, 467–470 (1995).

15 Marx, V. Method of the Year: spatially resolved transcriptomics. *Nat. Methods* **18**, 9–14 (2021).

16 Moffitt, J. R. *et al.* High-performance multiplexed fluorescence in situ hybridization in culture and tissue with matrix imprinting and clearing. *Proc. Natl. Acad. Sci. U.S.A.* **113**, 14456–14461 (2016). Moffitt, J. R. *et al.* Molecular, spatial, and functional single-cell profiling of the hypothalamic preoptic region. *Science* **362**, eaau5324 (2018).

17 Zhang, M., Eichhorn, S.W., Zingg, B. *et al.* Spatially resolved cell atlas of the mouse primary motor cortex by MERFISH. *Nature* **598**, 137–143 (2021). Lu, T., Ang, C. E. & Zhuang, X. Spatially resolved epigenomic profiling of single cells in complex tissues. *Cell* **185**, 4448–4464.e4417 (2022). Fang, R. *et al.* Conservation and divergence of cortical cell organization in human and mouse revealed by MERFISH. *Science* **377**, 56–62 (2022). Allen, W. E., Blosser, T. R., Sullivan, Z. A., Dulac, C. & Zhuang, X. Molecular and spatial signatures of mouse brain aging at single-cell resolution. *Cell* **186**, 194–208.e118 (2023).

18 Shin, S. *et al.* Quantification of purified endogenous miRNAs with high sensitivity and specificity. *Nat. Commun.* **11**, 6033 (2020).

19 Kim, J., Kang, C., Shin, S. & Hohng, S. Rapid quantification of miRNAs using dynamic FRET-FISH. *Commun. Biol.* **5**, 1072 (2022).

6장

1 https://www.nobelprize.org/prizes/chemistry/1972/press-release/

2 2008년 노벨화학상은 이 형광단백질을 발견한 공로로 시모무라 오사무, 마틴 챌피 Martin Chalfie, 로저 첸Roger Y. Tsien에게 수여되었다.

3 브래그 법칙을 발견한 윌리엄 헨리 브래그William Henry Bragg와 그의 아들 윌리엄 로런스 브래그William Lawrence Bragg는 1915년 노벨물리학상을 받았다. 엑스선 결정학의 탄생에 관한 이야기는 다음 논문을 참고하라. Thomas, J. The birth of X-ray crystallography. *Nature* **491**, 186−187 (2012).

4 단백질 결정학 방법으로 최초로 단백질 구조를 밝힌 업적으로 막스 페루츠와 존 켄드루가 노벨화학상을 받은 게 1962년이다.

5 Perutz, M., Rossmann, M., Cullis, A. *et al.* Structure of Hæmoglobin: A Three-Dimensional Fourier Synthesis at 5.5-Å. Resolution, Obtained by X-Ray Analysis. *Nature* **185**, 416−422 (1960).

6 Kendrew, J., Dickerson, R., Strandberg, B. *et al.* Structure of Myoglobin: A Three-Dimensional Fourier Synthesis at 2 Å. Resolution. *Nature* **185**, 422−427 (1960).

7 막스 페루츠의 연구를 역사적으로 회고한 논문으로는 다음 자료가 있다. Rhodes, D. Climbing mountains. *EMBO reports* **3**, 393−395 (2002).

8 Anfinsen, C. B., Haber, E., Sela, M. & White, F. H. The kinetics of formation of native ribonuclease during oxidation of the reduced polypeptide chain. *Proc. Natl. Acad. Sci. U. S. A.* **47**, 1309−1314 (1961). Anfinsen, C. B. Principles that Govern the Folding of Protein Chains. *Science* **181**, 223−230 (1973).

9 Abramson, J., Adler, J., Dunger, J. *et al.* Accurate structure prediction of biomolecular interactions with AlphaFold 3. *Nature* **630**, 493−500 (2024).

10 https://www.isomorphiclabs.com/

11 Rohl, C. A., Strauss, C. E. M., Misura, K. M. S. & Baker, D. Protein Structure Prediction Using Rosetta. *Methods in Enzymology* **383**, 66−93 (Academic Press, 2004). Leman, J.K., Weitzner, B.D., Lewis, S.M. *et al.* Macromolecular modeling and design in Rosetta: recent methods and frameworks. *Nat. Methods* **17**, 665−680 (2020). Baek, M. *et al.* Accurate prediction of protein structures and interactions using a three-track neural network. *Science* **373**, 871−876 (2021). Watson, J.L., Juergens, D., Bennett, N.R. *et al.* De novo design of protein structure and function with RFdiffusion. *Nature* **620**, 1089−1100 (2023).

12 Krishna, R. *et al.* Generalized biomolecular modeling and design with RoseTTAFold All-Atom. *Science* **384**, eadl2528 (2024).

13 Jumper, J., Evans, R., Pritzel, A. *et al.* Highly accurate protein structure prediction with AlphaFold. *Nature* **596**, 583−589 (2021). Tunyasuvunakool, K., Adler, J., Wu, Z. *et al.* Highly accurate protein structure prediction for the human proteome. *Nature* **596**, 590−596 (2021).

14 https://www.alphafold.ebi.ac.uk/

15 Karelina, M., Noh, J. J. & Dror, R. O. How accurately can one predict drug binding modes using AlphaFold models? *eLife* **12**, RP89386 (2023).

16 Callaway, E. 'A Pandora's box': map of protein-structure families delights scientists. *Nature* **621**, 455 (2023). Mock, M., Edavettal, S., Langmead, C., Russell, A. AI can help to speed up drug discovery — but only if we give it the right data. *Nature* **621**, 467−470 (2023). Arnold, C. AlphaFold touted as next big thing for drug discovery — but is it? *Nature* **622**, 15−17 (2023).

17 Shimomura, O., Johnson, F. H. & Saiga, Y. Extraction, Purification and Properties of

Aequorin, a Bioluminescent Protein from the Luminous Hydromedusan, Aequorea. *J. Cell. Comp. Physiol.* **59**, 223–239 (1962).

18 Head, J., Inouye, S., Teranishi, K. *et al*. The crystal structure of the photoprotein aequorin at 2.3 Å resolution. *Nature* **405**, 372–376 (2000).

19 Prasher, D. C., Eckenrode, V. K., Ward, W. W., Prendergast, F. G. & Cormier, M. J. Primary structure of the Aequorea victoria green-fluorescent protein. *Gene* **111**, 229–233 (1992).

20 Chalfie, M., Tu, Y., Euskirchen, G., Ward, W. W. & Prasher, D. C. Green Fluorescent Protein as a Marker for Gene Expression. *Science* **263**, 802–805 (1994).

21 Heim, R., Prasher, D. C. & Tsien, R. Y. Wavelength mutations and posttranslational autoxidation of green fluorescent protein. *Proc. Natl. Acad. Sci. U. S. A.* **91**, 12501–12504 (1994).

22 Ormö, M. *et al*. Crystal Structure of the Aequorea victoria Green Fluorescent Protein. *Science* **273**, 1392–1395 (1996).

23 Shaner, N., Lin, M., McKeown, M. *et al*. Improving the photostability of bright monomeric orange and red fluorescent proteins. *Nat. Methods* **5**, 545–551 (2008).

24 https://www.fpbase.org/

25 신경 시스템의 신호 전달 과정을 세포 수준에서 규명한 공로로 2000년에 아르비드 칼손Arvid Carlsson, 폴 그린가드Paul Greengard, 에릭 캔델Eric R. Kandel이 노벨생리의학상을 받았다.

26 Dani, A., Huang, B., Bergan, J., Dulac, C. & Zhuang, X. Superresolution Imaging of Chemical Synapses in the Brain. *Neuron* **68**, 843–856 (2010).

27 Sigal, Yaron M., Speer, Colenso M., Babcock, Hazen P. & Zhuang, X. Mapping Synaptic Input Fields of Neurons with Super-Resolution Imaging. *Cell* **163**, 493–505 (2015).

28 Chen, F., Tillberg, P. W. & Boyden, E. S. Expansion microscopy. *Science* **347**, 543–548 (2015).

29 Shapson-Coe, A. *et al*. A petavoxel fragment of human cerebral cortex reconstructed at nanoscale resolution. *Science* **384**, eadk4858 (2024).

7장

1 제프리 홀Jeffrey C. Hall, 마이클 로스배시Michael Rosbash, 마이클 영Michael W. Young은 초파리에서 일주기 리듬의 분자 메커니즘을 규명한 공로로 2017년 노벨생리의학상을 수상했다.

2 Maguire, E. A. et al. Navigation-related structural change in the hippocampi of taxi drivers. *Proc. Natl. Acad. Sci. U. S. A.* **97**, 4398–4403 (2000).

3 O'Keefe, J. & Dostrovsky, J. The hippocampus as a spatial map. Preliminary evidence from unit activity in the freely-moving rat. *Brain Res.* **34**, 171–175 (1971). O'Keefe, J. Place units in the hippocampus of the freely moving rat. *Exp. Neurol.* **51**, 78–109 (1976).

4 Fyhn, M., Molden, S., Witter, M. P., Moser, E. I. & Moser, M.-B. Spatial Representation in the Entorhinal Cortex. *Science* **305**, 1258–1264 (2004). Hafting, T., Fyhn, M., Molden, S. *et al.* Microstructure of a spatial map in the entorhinal cortex. *Nature* **436**, 801–806 (2005). Sargolini, F. *et al.* Conjunctive Representation of Position, Direction, and Velocity in Entorhinal Cortex. *Science* **312**, 758–762 (2006).

5 Bellmund, J. L. S., Gärdenfors, P., Moser, E. I. & Doeller, C. F. Navigating cognition: Spatial codes for human thinking. *Science* **362**, eaat6766 (2018).

6 뇌 속 공간 지각 과정을 밝힌 공로로 존 오키프John O'Keefe, 마이브리트 모세르May-Britt Moser, 에드바르트 모세르Edvard I. Moser는 2014년 노벨생리의학상을 받았다.

7 Boyden, E., Zhang, F., Bamberg, E. *et al.* Millisecond-timescale, genetically targeted optical control of neural activity. *Nat. Neurosci.* **8**, 1263–1268 (2005).

8 Lai, C., Tanaka, S., Harris, T. D. & Lee, A. K. Volitional activation of remote place representations with a hippocampal brain—machine interface. *Science* **382**, 566–573 (2023).

9 Forli, A., Yartsev, M.M. Hippocampal representation during collective spatial behaviour in bats. *Nature* **621**, 796–803 (2023).

10 Zong, W. *et al.* Large-scale two-photon calcium imaging in freely moving mice. *Cell* **185**, 1240–1256.e1230 (2022).

11 Yang, C., Mammen, L., Kim, B. *et al.* A population code for spatial representation in the zebrafish telencephalon. *Nature* **634**, 397–406 (2024).

12 Cohen, L., Vinepinsky, E., Donchin, O. & Segev, R. Boundary vector cells in the goldfish central telencephalon encode spatial information. *PLoS Biol.* **21**, e3001747 (2023).

13 Chettih, S. N., Mackevicius, E. L., Hale, S. & Aronov, D. Barcoding of episodic memories in the hippocampus of a food-caching bird. *Cell* **187**, 1922–1935.e1920 (2024).

14 Yuan, Q., Li, M., Desch, S.J. *et al.* Moon-forming impactor as a source of Earth's basal mantle anomalies. *Nature* **623**, 95–99 (2023).

15 Konopka, R. J. & Benzer, S. Clock Mutants of Drosophila melanogaster. *Proc. Natl. Acad. Sci. U. S. A.* **68**, 2112–2116 (1971).

16 Vitaterna, M. H. *et al.* Mutagenesis and Mapping of a Mouse Gene, *Clock*, Essential for Circadian Behavior. *Science* **264**, 719–725 (1994). King, D. P. *et al.* Positional Cloning of the Mouse Circadian Clock Gene. *Cell* **89**, 641–653 (1997). Antoch, M. P. *et al.* Functional Identification of the Mouse Circadian Clock Gene by Transgenic BAC Rescue. *Cell* **89**, 655–667 (1997). Darlington, T. K. *et al.* Closing the Circadian Loop: CLOCK-Induced Transcription of Its Own Inhibitors per and tim. *Science* **280**, 1599–1603 (1998).

17 Stephan, F. K. & Zucker, I. Circadian Rhythms in Drinking Behavior and Locomotor Activity of Rats Are Eliminated by Hypothalamic Lesions. *Proc. Natl. Acad. Sci. U. S. A.* **69**, 1583–1586 (1972). Moore, R. Y. & Eichler, V. B. Loss of a circadian adrenal corticosterone rhythm following suprachiasmatic lesions in the rat. *Brain Res.* **42**, 201–206 (1972).

18 Sawaki, Y., Nihonmatsu, I. & Kawamura, H. Transplantation of the neonatal suprachiasmatic nuclei into rats with complete bilateral suprachiasmatic lesions. *Neurosci. Res.* **1**, 67–72 (1984). Lehman, M. N. *et al.* Circadian rhythmicity restored by neural transplant. Immunocytochemical characterization of the graft and its integration with the host brain. *J. Neurosci.* **7**, 1626 (1987). Ralph, M. R., Foster, R. G., Davis, F. C. & Menaker, M. Transplanted Suprachiasmatic Nucleus Determines Circadian Period. *Science* **247**, 975–978

(1990).

19 Takahashi, J., Hong, H. K., Ko, C. *et al.* The genetics of mammalian circadian order and disorder: implications for physiology and disease. *Nat. Rev. Genet.* **9**, 764–775 (2008). Albrecht, U. Timing to Perfection: The Biology of Central and Peripheral Circadian Clocks. *Neuron* **74**, 246–260 (2012). Hastings, M. H., Maywood, E. S. & Brancaccio, M. Generation of circadian rhythms in the suprachiasmatic nucleus. *Nat. Rev. Neurosci.* **19**, 453–469 (2018).

20 Lane, J.M., Qian, J., Mignot, E. *et al.* Genetics of circadian rhythms and sleep in human health and disease. *Nat. Rev. Genet.* **24**, 4–20 (2023). 러셀 포스터, 《라이프 타임 생체 시계의 비밀》, 김성훈 옮김, 김영사, 2023.

21 Abe, Y.O., Yoshitane, H., Kim, D.W. *et al.* Rhythmic transcription of *Bmal1* stabilizes the circadian timekeeping system in mammals. *Nat. Commun.* **13**, 4652 (2022). Chae, S. J., Kim, D. W., Lee, S. & Kim, J. K. Spatially coordinated collective phosphorylation filters spatiotemporal noises for precise circadian timekeeping. *iScience* **26**, 106554 (2023).

22 김재경, 《수학이 생명의 언어라면: 수면부터 생체 리듬, 팬데믹, 신약 개발까지, 생명을 해독하는 수리생물학의 세계》, 동아시아, 2024.

23 Hodgkin, A. L. & Huxley, A. F. A quantitative description of membrane current and its application to conduction and excitation in nerve. *J. Physiol.* **117**, 500–544 (1952).

24 Crick, F. H. Thinking about the brain. *Sci. Am.* **241**, 219–232 (1979).

25 Boyden, E., Zhang, F., Bamberg, E. *et al.* Millisecond-timescale, genetically targeted optical control of neural activity. *Nat. Neurosci.* **8**, 1263–1268 (2005).

26 Oesterhelt, D., Stoeckenius, W. Rhodopsin-like Protein from the Purple Membrane of Halobacterium halobium. *Nat. New Biol.* **233**, 149–152 (1971).

27 Matsuno-Yagi, A. & Mukohata, Y. Two possible roles of bacteriorhodopsin; a comparative study of strains of Halobacterium halobium differing in pigmentation. *Biochem. Biophys. Res. Commun.* **78**, 237–243 (1977).

28 Nagel, G. *et al.* Channelrhodopsin-1: A Light-Gated Proton Channel in Green Algae. *Science* **296**, 2395–2398 (2002).

29 Deisseroth, K. Optogenetics: 10 years of microbial opsins in neuroscience. *Nat. Neurosci.* **18**, 1213–1225 (2015). Kim, C., Adhikari, A. & Deisseroth, K. Integration of optogenetics with complementary methodologies in systems neuroscience. *Nat. Rev. Neurosci.* **18**, 222–235 (2017). Machado, T.A., Kauvar, I.V. & Deisseroth, K. Multiregion neuronal activity: the forest and the trees. *Nat. Rev. Neurosci.* **23**, 683–704 (2022).

30 Bansal, A., Shikha, S. & Zhang, Y. Towards translational optogenetics. *Nat. Biomed. Eng.* **7**, 349–369 (2023).

31 Richardson, D. S. & Lichtman, J. W. Clarifying Tissue Clearing. *Cell* **162**, 246–257 (2015). Ueda, H.R., Ertürk, A., Chung, K. *et al.* Tissue clearing and its applications in neuroscience. *Nat. Rev. Neurosci.* **21**, 61–79 (2020).

32 Dodt, HU., Leischner, U., Schierloh, A. *et al.* Ultramicroscopy: three-dimensional visualization of neuronal networks in the whole mouse brain. *Nat. Methods* **4**, 331–336 (2007).

33 Chung, K., Wallace, J., Kim, S.-Y. *et al.* Structural and molecular interrogation of intact biological systems. *Nature* **497**, 332–337 (2013).

34 Kim, S.-Y. *et al.* Stochastic electrotransport selectively enhances the transport of highly electromobile molecules. *Proc. Natl. Acad. Sci. U. S. A.* **112**, E6274–E6283 (2015).

35 Park, Y.-G, Sohn, C., Chen, R. *et al.* Protection of tissue physicochemical properties using polyfunctional crosslinkers. *Nat. Biotechnol.* **37**, 73–83 (2019).

36 Ueda, H.R., Ertürk, A., Chung, K. *et al.* Tissue clearing and its applications in neuroscience. *Nat. Rev. Neurosci.* **21**, 61–79 (2020).

37 Park, J. *et al.* Integrated platform for multiscale molecular imaging and phenotyping of the human brain. *Science* **384**, eadh9979 (2024).

38 Ji, N. Adaptive optical fluorescence microscopy. *Nat. Methods* **14**, 374–380 (2017). Yoon, S. *et al.* Deep optical imaging within complex scattering media. *Nat. Rev. Phys.* **2**, 141–158 (2020). Gigan, S. *et al.* Roadmap on wavefront shaping and deep imaging in complex media. *J. Phys. photonics* **4**, 042501 (2022).

39 Yoon, S., Cheon, S.Y., Park, S. *et al.* Recent advances in optical imaging through deep tissue: imaging probes and techniques. *Biomater. Res.* **26**, 57 (2022).

40 Park, S., Jo, Y., Kang, M. *et al.* Label-free adaptive optics single-molecule localization microscopy for whole zebrafish. *Nat. Commun.* **14**, 4185 (2023).

41 Laine, R. F., Jacquemet, G. & Krull, A. Imaging in focus: An introduction to denoising bioimages in the era of deep learning. *Int. J. Biochem. Cell Biol.* **140**, 106077 (2021).

42 Li, X. *et al.* Reinforcing neuron extraction and spike inference in calcium imaging using deep self-supervised denoising. *Nat. Methods* **18**, 1395–1400 (2021).

43 Li, X. *et al.* Real-time denoising enables high-sensitivity fluorescence time-lapse imaging beyond the shot-noise limit. *Nat. Biotechnol.* **41**, 282–292 (2023).

44 Eom, M. *et al.* Statistically unbiased prediction enables accurate denoising of voltage imaging data. *Nat. Methods* **20**, 1581–1592 (2023).

에필로그

1 이 보고서는 한국물리학회 홈페이지에서 볼 수 있다. https://www.kps.or.kr/content/community/post_view.php?bt=2&post_id=2846&page=1

2 National Academies of Sciences, Engineering, and Medicine. *Physics of Life* (Washington, DC: The National Academies Press, 2022).

3 야마나카 신야와 존 거든은 성체세포를 줄기세포로 재프로그램할 수 있다는 것을 발견해서 2012년 노벨생리의학상을 수상했다.

4 선웅,《나는 뇌를 만들고 싶다》, 이음, 2021.

5 Revah, O., Gore, F., Kelley, K.W. *et al.* Maturation and circuit integration of transplanted human cortical organoids. *Nature* **610**, 319–326 (2022).

6 Chen, X. *et al.* Antisense oligonucleotide therapeutic approach for Timothy syndrome. *Nature* **628**, 818–825 (2024).

그림 출처

1장

그림 1-1 https://yjh-phys.tistory.com/1386
그림 1-2 https://www.photometrics.com/learn/spinning-disk-confocal-microscopy/
what-is-spinning-disk-confocal-microscopy
그림 1-4 Press release. NobelPrize.org. Nobel Prize Outreach AB 2022. Sun. 1
May 2022. <https://www.nobelprize.org/prizes/chemistry/2014/press-
release/>

2장

그림 2-1 Sandoghdar, V. Essay: Exploring the Physics of Basic Medical Research.
Phys. Rev. Lett. **132**, 090001 (2024). CC BY 4.0.
그림 2-2 Popular information. NobelPrize.org. Nobel Prize Outreach AB 2024. Wed.
26 Jun 2024. https://www.nobelprize.org/prizes/physics/2018/popular-
information/
그림 2-3 Roy, R., Hohng, S. & Ha, T. A practical guide to single-molecule FRET. Nat.
Methods 5, 507—516 (2008).
그림 2-4 Lerner, E. *et al.* FRET-based dynamic structural biology: Challenges,
perspectives and an appeal for open-science practices. eLife 10, e60416
(2021). CC0 1.0 Universal.

3장

그림 3-1 https://www2.nau.edu/lrm22/lessons/dna_notes/dna_notes.html

5장

그림 5-1 Popular information. NobelPrize.org. Nobel Prize Outreach AB 2023. Sun.
11 Jun 2023. <https://www.nobelprize.org/prizes/medicine/2006/popular-
information/>
그림 5-2 Popular information. NobelPrize.org. Nobel Prize Outreach AB 2023. Sun.
11 Jun 2023. <https://www.nobelprize.org/prizes/medicine/2006/popular-
information/>

6장

그림 6-2 Azulay, H., Lutaty, A. & Qvit, N. How Similar Are Proteins and Origami?
Biomolecules 12 (2022).
그림 6-4 PDB 4W67 홈페이지

살아있는 것들의 물리학

생명에서 물리법칙을 찾는 생물물리학자의 생각

1판 1쇄 인쇄 | 2025년 1월 23일
1판 1쇄 발행 | 2025년 2월 4일

지은이 | 박상준

펴낸이 | 박남주
편집자 | 박지연, 한홍
디자인 | 남희정
펴낸곳 | 플루토

출판등록 | 2014년 9월 11일 제2014-61호
주소 | 07803 서울특별시 강서구 마곡동 797 에이스타워마곡 1204호
전화 | 070-4234-5134
팩스 | 0303-3441-5134
전자우편 | theplutobooker@gmail.com

ISBN 979-11-88569-79-3 03420